学霸记忆法

记忆法

如何成为记忆高手

袁文魁 × 胡小玲 著

北京联合出版公司
Beijing United Publishing Co.,Ltd.

图书在版编目（CIP）数据

学霸记忆法：如何成为记忆高手 / 袁文魁，胡小玲
著 . — 北京：北京联合出版公司，2022.4
ISBN 978-7-5596-5981-1

Ⅰ . ①学… Ⅱ . ①袁… ②胡… Ⅲ . ①记忆术—通俗
读物 Ⅳ . ① B842.3-49

中国版本图书馆 CIP 数据核字（2022）第 030584 号

学霸记忆法：如何成为记忆高手

作　　者：袁文魁　胡小玲
出 品 人：赵红仕
责任编辑：李　伟
封面设计：一　林

北京联合出版公司出版
（北京市西城区德外大街 83 号楼 9 层　100088）
雅迪云印（天津）科技有限公司印刷　新华书店经销
字数 205 千字　800 毫米 ×1230 毫米　1/32　印张 8.75
2022 年 4 月第 1 版　2022 年 4 月第 1 次印刷
ISBN 978-7-5596-5981-1
定价：58.00 元

目录

第三章
比赛训练篇

第四章
成功心法篇

你也可以成为记忆高手

最近带孩子去她同学家玩，同学家长听说我是做最强大脑记忆训练的，说："学习这个是要有天赋的吧？《最强大脑》上的那些人肯定都是天生的！"我笑着解释道："其实每个人都可以成为记忆高手，最强大脑都是通过记忆法训练出来的！"

我自己就是最好的案例。小时候的我，自卑内向，学习就靠死记硬背。虽然学习成绩还可以，但是我从来不认为我"聪明"，更不是那种经常玩但就是考得好的"学霸"。直到我在高二暑假看书接触到记忆法，它让我的大脑开窍了，我用它来记忆政治、历史、地理、语文等科目的知识，记忆效率提高了好几倍，让我的同学都羡慕不已。最终，我在2004年考取了武汉大学文学院。

2007年我准备考研时，中国记忆总冠军郭传威老师来武汉大学开讲座，助教老师几分钟内将108个数字倒背如流，并且将整本《道德经》随便抽背，我当时就震惊了，报名学习了两天的记忆法课程。后来我被保送武汉大学研究生，并且创办了武汉大学记忆协会，将我学到的记忆法分享给更多同学。

2007年10月26日，我看到一篇报道《6位选手成记忆大师，中国脑力训练震惊世界》，其中就有我的老师郭传威，我当时热血沸腾，心里种下一颗种子："我要成为'世界记忆大师'，他们能做到的事情，我相信我也可以做到！"自己摸索着训练了两个多月，走了很多弯路，也差点儿放弃梦想，中间有4个月没有训练。

2008年4月，我决定破釜沉舟，完成我今生第一个大的梦想。我来到广州找到郭老师，投入了几个月时间，每天训练6～8小时，训练项目就是数字、扑克、词汇等记忆比赛项目。那年的10月26日，23岁的我在中东巴林举办的世界记忆锦标赛®上，以62秒记忆一副扑克牌、1小时记忆14副扑克牌、1小时记忆1308个数字的成绩，成为中国第9位"世界记忆大师"，那时全球仅有不到60位记忆大师。

当我回国之后，我的同学和好友都很震惊！有人说："我初中就认识你了，没觉得你的记忆力有多好呀，怎么一下子这么厉害了？""你在大学不是做记者的吗，怎么就突然成了记忆大师了？""你成了全球亿里挑一的人了，以后孩子的基因一定很好！"那之后，当别人认为我是"学霸"时，我才慢慢有了一点自信，因为我做到了一件别人认为不可能做到的事情。

不过，我心里很清楚，这件事情是每个人都可以做到的，我也希望让更多人都能做到，去享受成为记忆高手带来的自信。我培养的第一位选手王峰，在2010年的世界记忆锦标赛®上成为中国首位世界记忆总冠军，2011年我带队在世界记忆锦标赛®上为中国首次夺得了国家冠军奖。《最强大脑》热播后，陈智强成为"全球脑王"，王峰担任了"中国队长"，我有20多位学生参与了挑战。我创办的"文魁大脑国际战队"也多次在国际比赛中名列前茅，并在2021脑力奥运盛典上被评为"中国区最佳战队"。

　　如今，距离我获得"世界记忆大师"称号已有13年了，我也在大脑记忆培训行业耕耘了这么多年，出版了《记忆魔法师》《打造最强大脑》《超强记忆训练宝典》等实用记忆书籍。我发现，这些实用的记忆方法虽然可以帮助我们成为学霸，但是要成为像《最强大脑》选手那样的记忆高手，必须参与竞技记忆的训练，通过扑克、数字等比赛项目的刻意练习，才能够真正突破大脑的记忆极限！

　　有一个有趣的现象是，看似训练记忆扑克、数字这些无用的东西，但是优秀的选手，学习效率也都有很大的提高。竞技记忆训练会强化记忆法里形象、联想、定桩、编故事等基本功，同时训练出来的专注力、记忆力、心理素质、自信心等，都在学习中会有一个正向的迁移。我在成为"世界记忆大师"之后，明显感觉背诵国学经典和英语单词速度更快了，参加一些资格证考试也更容易了。

　　我们战队带出来的"世界记忆大师"里，万家成从中南大学跨专业考取了哈佛大学研究生，武大记忆协会会长刘仁杰保送清华大学硕博连读，陈智强、黄华基、王翔宇等都在高考中轻松考上了心仪的学校。即使训练后没有参加比赛的选手，比如白宇晨、李瑞文、刘一思等，也都运用记忆法在考研和高考中表现突出。

　　这些年在做记忆培训的过程中，很多家长不理解为什么要参加记忆比赛，也觉得训练扑克和数字是浪费时间。但是，我真心希望有越来越多的人可以尝试竞技记忆，你会在这个过程中有意想不到的收获！所以，我决定将我在竞技记忆领域的经验分享出来。其实，十年前我就已经写了几万字，不过这十年来我在四个身份上的积累，让我写作这本书有了更多的视角和更深的体验。

　　第一个身份是选手。作为中国第三批参加世界记忆锦标赛®的选手，我从2008年到2010年连续三年参赛，最好的成绩是世界第10名，曾经37秒记住一副扑克牌获得季军。2019年我又回归赛场参加了两场比赛，更多的是修炼比赛心法，了解比赛的最新变化。

第二个身份是裁判。我曾经作为"国际一级记忆裁判"，参与过在成都和深圳举办的两次世界记忆锦标赛®，负责高手区的选手执裁，批改选手们的试卷。我曾近距离地观察高手们的记忆习惯和复习策略，发现了一些选手容易犯的错误，这些经历可以帮助我更好地指导选手。

第三个身份是教练。我在这方面似乎比当选手有天赋，2009—2017 年，我在世界记忆锦标赛® 亲自带出的"世界记忆大师"有 70 多位，多位选手成为中国记忆总冠军或者打破世界纪录。目前我担任"文魁大脑国际战队"顾问，主要讲比赛心法课，以及做一些针对性的指导。

第四个身份是教练导师。我计划培养一批记忆教练，一部分是家庭教练，家长在家训练自己的孩子；另一部分会成为职业教练，培养更多的选手参加记忆赛事。

(世界思维导图精英挑战赛总冠军 李幸漪 绘制)

用这四个身份进行了十多年的积累，我和胡小玲老师一起打磨了近两年，才完成了这本书的创作。它主要从这四个章节展开：

第一章是学前预热篇，让你了解目前的记忆力水平，以及世界记忆力赛事的情况，包括怎样才能成为"世界记忆大师"。知己知彼，方能百战不殆嘛！

第二章是记忆魔法篇，重点讲解了形象记忆法、配对联想法、锁链故事法和地点定桩法，这四大方法是成为"世界记忆大师"必备的记忆魔法。更多实用记忆的魔法，可以阅读《记忆魔法师：学习考试实用记忆宝典》一书，也欢迎在酷狗音乐收听我的电台节目"101个记忆小妙招"，它们和本书配合学习，效果更好哦！

第三章是比赛训练篇，精选世界记忆锦标赛®核心的八大项目，分享比赛规则、记忆方法和训练技巧，这部分主要由胡小玲老师执笔，我补充完善了一些自己的经验。胡小玲是我在武汉大学记忆协会带的第一位学生，目前担任"文魁大脑国际战队"总教练，教学经验丰富。

第四章是成功心法篇，这部分是我在2020年"世界记忆大师集训营"讲课时才有的灵感，我总结出记忆训练相关的五毒心魔、三大情绪、五大力量等，选手们听后很受启发。这些内容适用于任何比赛或考试，对日常学习和工作也有帮助，是本书中我最想分享的部分。

在此，我要感谢世界记忆运动理事会的所有组织者、裁判、志愿者以及我的恩师、同行、学员和选手们，是你们的帮助让我们完成了这本书。同时，也要感谢张超、李幸漪、庄晓娟、钱如潺、阴亮等老师的绘图，以及摄图网授权的精美图片，让这本书图文并茂，更能激发读者的阅读兴趣。

我期待，有一天我们在记忆赛场相见，你会拿出这本书告诉我："袁老师，我是因为这本书决定要来比赛的！"如果能够让你对于竞技记忆有一个启蒙，并且激发出你的训练动力，这本书就完成了使命。

这辈子，我们总要在某个领域达到一定的高度，一览众山小，看到不一样的风景。正如思维导图世界冠军赵巍老师说的："人生应该全力以赴经历一次刻骨铭心的赛场，无畏输赢，因为那是一次透彻挖掘自我潜力的机会，也是深耕赛事领域的一个过程。"

希望记忆领域能够成为你深耕的领域，也真诚祝福你能够成为记忆高手。那时，你在学习时不会再耗费大量时间死记硬背，原来一年才能学完的东西，只需要两个月就能完成。你会有更多的时间，去做真正热爱的事情，发挥天赋才华，创造你想要的未来。

如果记忆是你的热爱，愿你能坚持学习和训练，也期待未来你能够加入"文魁大脑国际战队"。让我们一起为大脑赋能，让生命绽放，也一起在脑力奥运上，为国家为家族赢得荣誉！

袁文魁

2021 年 10 月 28 日

武汉

序言二

我可以，相信你也一定行

参加任何赛事，除了努力训练，意志力和情绪在很大程度上影响了选手的成绩。训练时如果情绪一直被压抑，轻则影响训练状态，重则意志力被摧毁，成绩止步不前。有些人会选择放弃，而有毅力、能坚持的人则会勇往直前，直到成功。

相比我的师弟王峰而言，我并不是一个有天赋的选手，甚至一度觉得自己很笨，但我是有毅力、能坚持的人，认定一件事情就会死磕到底。我给你们简单分享一下我学习记忆法并且参赛的历程吧。

2007 年 9 月，我作为首批会员加入武汉大学记忆协会，跟随袁文魁老师学习。

2008 年，我第一次参加世界记忆锦标赛®中国区选拔赛，成绩不佳，落选。

2009 年，参加世界记忆锦标赛®中国赛，获得了"中国记忆大师"称号，虽然晋级了世界赛，但由于赛事在国外，费用昂贵，就此止步。

2010 年，在中国参加世界记忆锦标赛®，在一小时随机数字项目上以两个数字之差，无缘"世界记忆大师"称号。

2011 年，在中国继续参加世界记忆锦标赛®，获得"世界记忆大师"称号。

你看，别人几个月就达到了目标，而我却用了四年的时间。我曾经无数次问自己为什么，最后我明白了，想要成为"世界记忆大师"，训练的成绩固然很重要，但是意志力和情绪也很重要。

记得第一次参加选拔赛前，我每天都在想："比赛要来了，完了！怎么办？万一我是倒数第一名怎么办？赛场还有小孩子呢，我会不会比不过他们？"就这样，我的情绪被害怕、焦虑、担忧控制着。平时 90 秒能记住一副扑克牌，到了赛场我没有全记对，成绩很糟糕。我非常懊恼和自责，但那个时候我并没有意识到，失败的原因是没有掌握调节情绪和状态的技巧。

2010 年比赛临近时，我又开始焦虑了，有中国赛排名在我后面的人不停地向我挑衅，还有排名在我前面的很多"大牛"，他们有野心而且敢说敢做。我和袁老师说："我压力很大，没有找到自己的训练模式，也没时间去找了。"袁老师点醒了我："赛场上没有别人，只有自己。训练时没有别人，也只有自己。"所以我重新调整了心态，淡定地进行训练。

没想到，在比一小时随机数字项目时，我的状态飘忽不定，脑海里不停地回想上午的赛事，最终遗憾落败了。当我知道成绩后，痛哭流涕，问苍天为什么对我这么不公平，我甚至想过放弃后面的所有项目。但是，我很快想明白了，并且告诉自己："站起来，坚强起来，相信自己！坚持把后面的比赛完成！"最终，我的总分是世界第 12 名，前面一名就是袁老师。

2011 年要不要比赛？我经过了好几个月的思想斗争，直到袁老师说："当你有了梦想之后，就一定要去呵护你的梦想。"是他的"呵护"两个字，让我决定要完成那只有一步之遥的梦想。但由于是一个人训练，我给自己的压力太大，导致我出现了类似抑郁的状态，在朋友的帮助和自己的调节下，我慢慢走出了阴霾。那一年我不仅获得了"世界记忆大师"称号，世界排名还到了第 7 位，并获得了人名头像项目的季军。

为了成为"世界记忆大师"，我去了六次广州，我在一篇文章里写道："如果当初就知道我的记忆大师梦会这么漫长和曲折，我还会义无反顾地坚持吗？没有如果，我也不后悔自己的义无反顾。六次追梦的酸，成就了现在更加坚定的自己；六次追梦的甜，成就了现在更加感恩的自己；六次追梦的苦，成就了现在更加坚强的自己；六次追梦的辣，成就了现在更加自信的自己。这些是足够我享用一生的宝贵财富。"

如果说，王峰用几个月成为世界记忆冠军，让更多有天赋的人愿意投入记忆训练中，那么，我用几年时间成为"世界记忆大师"，则让很多像我一样普通的人找到了去挑战自己的自信。正如我在《最强大脑》里说的，我是山里长大的孩子，从小自卑，如果我能够做到，我相信你们也一样可以的！

这几年担任"文魁大脑国际战队"的总教练，我一直在想，我作为教练的优势到底在哪里？后来我明白了，那就是我曾经的经历让我更懂得选手们的心理，也让我知道如何帮助他们，我曾经踩过的坑，我能够帮助他们不再去踩。而那些在训练中非常轻松就达到巅峰的教练，可能无法与选手们感同身受。

这些年，"文魁大脑国际战队"收获了 700 多枚奖牌、上百座奖杯、近百位"世界记忆大师"，并在 2020 年中韩记忆锦标赛中获得了战队总冠军。我的学生张麟鸿 2020 年首次参赛就成为世界冠军，总排名世界第 4 位，一些像我一样不太自信的学生，比如窦桥、刘雨凤、陈进毅、余新威、杨李彬、张鑫等，都成了"世界记忆大师"，我的个人经历和成功心法，相信也潜移默化地影响了他们。

最后，非常感谢恩师袁文魁老师，他一个肯定的眼神、一句鼓励的话、一个绽放的笑容、一个小小的建议，都会给我实现梦想无限的力量。他像一支火炬，点亮了我的希望之火，而我想将它一直传下去。我们一起完成这本书的写作，希望帮助更多人为大脑赋能，让生命绽放，在挑战记忆极限的过程中，活出自信的光芒！我在"世界记忆大师集训营"等待你的到来！

胡小玲

2021 年 4 月 5 日

陕西杨凌 文魁大脑国际战队训练基地

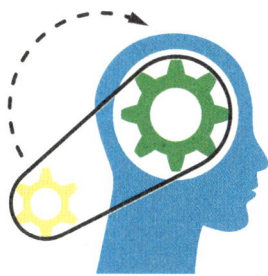

第一章

学前预热篇

第一节
你的记忆力商数怎么样？

我认为，人人都能成为最强大脑，人人都是潜在的记忆大师。如果把学习比作一场作战，记忆就是我们强大的武器之一。如果连武器的能量值都不知道，还怎样去升级我们的装备呢？

你可能测过 IQ（智商），也听过 EQ（情商），今天就请你来测测 MQ（Memory Quotient），也就是"记忆力商数"。心理学界最著名的工具就是《韦氏记忆量表》，它包括时间和空间记忆、数字顺序关系、逻辑记忆、顺背和倒背数目、视觉再生和联想学习等测试。

我们这里提供的是迷你版测试。我从记忆比赛里挑出了三个项目，"世界记忆大师"焦典和窦桥老师设计了试题，请尝试用你最好的方法来记忆。

现在你需要找一个安静的环境，准备一支笔和一张纸，将手机调到飞行模式。你可以把手机的计时功能打开。测试之前，你可以做几次深呼吸，放松心情，告诉自己："我的记忆力非常棒，我会轻松记住这些内容！"

测试项目一：五分钟快速数字

请你将手机调整成 5 分钟倒计时，在心中默念"脑细胞，准备开始"之后，开始挑战记忆以下 80 个数字，记忆完毕后请尝试默写出来。答对 1 个算 1 分，要求顺序和下面的数字一致哦，答错或者没有写的数字算 0 分。

38927627933434533739

27384927483902783944

08379146823974299773

24924796367388390223

请遮住上面的数字，并尝试默写出来。

_____

_____

_____

评分参考：央视《走近科学》曾到武汉大学拍摄记忆大师纪录片，随机挑选武大学生与记忆冠军王峰比赛记数字，结果发现：没有学过记忆法的学生，一般 5 分钟能够记住 20 个就不错了。目前，"世界记忆大师"一般 5 分钟可以记住 200 个到 400 个，世界纪录保持者可以记住 600 多个。

现在记得少没关系，学了记忆法并且训练几十个小时后，这 80 个数字你就能在 5 分钟内记住喽，之后还可以在 1 分钟内就记住，那么你记住生活中的密码、电话号码、账号等就是小菜一碟啦！

测试项目二：五分钟随机词语

《最强大脑》第一季里，胡小玲挑战 4 分钟内记住 40 个长短不一的词语，包括"此处别燕丹""此事古难全"等，并且闭上眼睛完成填字游戏，被称为"汉字女英雄"。

现在，给你的词语都是两三个字，请在 5 分钟内记忆以下 40 个随机词汇，记对 1 个词汇得 1 分，要求序号也要对上哦，错别字或者没有写的得 0 分。

1. 系带	2. 大麦	3. 香蕉	4. 鳄鱼	5. 沮丧
6. 乌龟	7. 婴儿	8. 自行车	9. 奶油	10. 无线电
11. 粘贴	12. 太阳	13. 竖琴	14. 雏菊	15. 老鹰
16. 竹林	17. 瓦片	18. 划手	19. 通知	20. 许可证
21. 奖励	22. 显示	23. 甘草	24. 海豚	25. 混乱
26. 电池	27. 大棚	28. 跷跷板	29. 剃刀	30. 圆柱体
31. 脸红	32. 开花	33. 饶恕	34. 牧场	35. 想象
36. 水银	37. 尊重	38. 栖息地	39. 演出	40. 飞机库

请遮住上面的词语，并且尝试默写出来。

1._____	2._____	3._____	4._____	5._____
6._____	7._____	8._____	9._____	10._____
11._____	12._____	13._____	14._____	15._____
16._____	17._____	18._____	19._____	20._____
21._____	22._____	23._____	24._____	25._____

26._____	27._____	28._____	29._____	30._____
31._____	32._____	33._____	34._____	35._____
36._____	37._____	38._____	39._____	40._____

　　评分参考：在没有使用记忆法的情况下，一般人 5 分钟能记住 15 ~ 20 个词语，但可能顺序会出错。"世界记忆大师"一般可以记住 40 个到 80 个，世界纪录保持者可以记住 130 多个。

　　第三章将具体讲解随机词汇项目的记忆方法，加以训练之后，记忆菜单、节目单、名单等都将变得非常容易，记忆课文、单词和各科知识点也能派上用场。

　　在社交场合秀秀记忆力，让别人随机写 40 个词语，你轻松做到倒背如流，绝对会是全场最帅的仔、最靓的妹！连魔术大师刘谦，也在微博以 # 刘谦超强记忆术教学 # 这个话题分享了他用记忆法记词汇的秘诀哦！

测试项目三：五分钟人名头像

　　在日常生活中，经常有人说自己是"脸盲"，刚认识的朋友转头就忘记了，或者张冠李戴叫错了名字。想要拥有好人缘，记住名字是第一步！

　　请尝试在 5 分钟内，记住 15 个中国人的名字，并且在答卷中，将对应的名字写出来，记对姓或名可以各得 1 分，有错别字则不算分，满分是 30 分。

高　瀚宇　　白　涛　　林　兰　　陈　倩　　孙　茜

董　平　　陈　砺志　　吴　宏亮　　樊　璐远　　王　易冰

李　佳璇　　张　峻宁　　杨　晨　　廖　菁　　宋　歌

请遮住上面的试题，尝试答题吧！

———————　———————　———————　———————　———————

———————　———————　———————　———————　———————

———————　———————　———————　———————　———————

评分参考：我在面授课程"大脑赋能精品班"测试时发现，没有使用记忆法的情况下，能够得到 15 分就很棒啦，一般同学可以得到 10 分左右。

世界记忆锦标赛 ® 人名头像项目绝大部分是外国人的头像和名字，比如"赫伯特·维尔逊""亚伯拉罕·戴维斯"。目前 5 分钟人名头像的世界纪录是 97 分，中国纪录是 70 分，一般中国选手能得 20 ～ 50 分。

美国邮政总局局长吉姆能叫出 5 万人的名字，他的这种能力帮助富兰克林·罗斯福进入了白宫，当你练成了这种能力，相信你的事业就会左右逢源、如鱼得水！第三章我将解密如何记忆人名头像，让你也成为"辨脸王"！

测试到此结束，不论结果如何，这都只代表着你的过去，而未来是从现在的决定开始的！很多记忆大师以前死记硬背数字、词汇等项目，要花二三十分钟才能记完，但经过几个月的训练后，只需要两三分钟就能搞定了。相信你学习完这本书里的方法，经过一段时间的记忆训练，这些测试对你而言就是小儿科啦！

有选手问我:"怎样才能参加《挑战不可能》《最强大脑》这些节目?"

《最强大脑》前四季有 90% 以上的参赛者是记忆圈的,《挑战不可能》也有几十位圈内人,这些记忆高手包括王峰、陈智强、李威、黄胜华、邹璐建、刘会凤、杨雁、胡小玲、袁梦、孙小辉、李俊成等数百位,他们都是参加过世界记忆锦标赛®并且获得"世界记忆大师"证书的选手。

《最强大脑》节目组也会经常找我们推荐选手,如果你是"世界记忆大师"且在比赛时成绩还不错,入选的机会会更大一些。当然,你的形象气质、生活经历、舞台表现力也非常重要。

成为"世界记忆大师"必须参加世界记忆锦标赛®,这项比赛是 1991 年由思维导图发明人东尼·博赞和国际象棋大师雷蒙德·基恩共同发起的。

有一天,基恩对博赞说:"记忆力随着电视、DVD 以及电子产品的发展变得更重要了,像政治、文学知识、交流都需要依赖储存的记忆,记忆力不能下降。"

博赞说："在全球各地，有千千万万人在玩记忆游戏，要不我们来组织一项比赛吧？就像下棋、足球、橄榄球比赛一样，只不过这是记忆方面的比赛！"

在1991年10月26日，他们在伦敦举办了第一届世界记忆锦标赛®，由世界记忆运动理事会（英文简称WMSC）组织。当时只有来自两个国家的七个人参加，多米尼克·奥布莱恩成为首届世界记忆总冠军，目前他仍作为老年组选手在参赛。

这个比赛要经过三天的脑力角逐，一共有十大比赛项目，包括二进制数字（Binary Digits）、历史事件（Historic Dates）、一小时随机扑克（Hour Cards）、一小时随机数字（Hour Digits）、抽象图形（Abstract Images）、随机词汇（Random Words）、快速扑克（Speed Cards）、快速数字（Speed Numbers）、听记数字（Spoken Numbers）和人名头像（Names & Faces）。

比赛既有记忆1小时的脑容量比拼，也有以毫秒计算的速度与激情，既有视觉记忆又有听觉记忆，还涉及数字、扑克、图形、词汇等不同内容，可以全方位测试我们的记忆力，并激活大脑的记忆潜能，选手每年都在刷新世界纪录。这些记忆纪录将无须审核，直接被授予"吉尼斯世界纪录"证书。

截止到2021年5月，世界记忆锦标赛®已经在不同国家举办了29届，这十年来，中国的广州、海口、香港、成都、深圳、武汉等城市都举办过全球总决赛。2019年在武汉举办的总决赛有500多人参赛，创历史新高。目前这项比赛的主阵地从欧洲转移到中国，全球总裁判长由中国的"世界记忆大师"何磊担任。

比赛对热爱记忆的选手敞开大门，不分男女老幼，选手分设四个年龄组，每个年龄组会单独设立奖牌和奖杯，同时全场也会设置奖牌和奖杯。

儿童组：年龄在 12 岁及以下。

少年组：年龄在 13 ～ 17 岁。

成年组：年龄在 18 ～ 59 岁。

乐龄组：年龄在 60 岁及以上。

按照国际惯例，选手年龄以年份为准，而不是按周岁计算。比如，选手在 2006 年出生，2019 年参加比赛，计算方式是 2019-2006=13，按照 13 岁来计算，划归少年组。

目前来看，前三个组别的人数最多。2008 年儿童组选手只有两位，如今儿童组人数众多，最小获得"世界记忆大师"称号的是 9 岁的惠忠萍。"文魁大脑国际战队"儿童组选手刘正一，训练几个月就获得"国际记忆大师""亚太记忆大师"等荣誉，邵煜轩还登上了《最强大脑》舞台。

乐龄组选手目前参赛的人数只有个位数，年龄最大的选手有 93 岁，最知名的选手是多米尼克先生，"文魁大脑国际战队"有一位乐龄组选手周喜凤，2019 年在武汉城市赛取得了乐龄组总季军，2020 年郑州城市赛取得了乐龄组总亚军，和老伴郑文周当选为第 29 届世界记忆锦标赛®中国形象大使！期待有越来越多的乐龄组选手去挑战大脑极限，有一天能让脑力训练如广场舞般普及。

如果想要参加世界记忆锦标赛®，中国选手必须参加区域赛、中国赛，才可以进入世界总决赛。区域赛相对较容易通过，晋级世界赛则要看中国的总名额以及各组别的名额，每年的情况都不一样。按照这几年的惯例，三个比赛会分别在 10 月、11 月和 12 月举办，具体以微信公众号"世界脑力锦标赛"的通知为准。

近两年，世界记忆运动理事会、亚太记忆运动理事会也增设了新的比赛，包括亚洲记忆运动会、亚太学生记忆锦标赛、中韩记忆锦标赛等，也集中在下半年举办。其中，亚太学生记忆锦标赛增设了象形文字记忆、单词淘金记、古诗词记忆等特殊项目，还设立了"学生脑力大师""幼儿脑力大师"等认证标准，执行主席曹斌先生介绍："将记忆方法与校园各科知识点相结合，不仅可以弘扬脑力奥运精神，还可以让更多国外选手了解中国文化。"

参加这些赛事，也有一定比例的选手可以直接晋级世界记忆锦标赛®总决赛。比如，2020年首次举办的亚洲记忆运动会，有60%的选手有资格晋级，"文魁大脑国际战队"13名队员参赛，有11名入围总决赛。

除了世界记忆运动理事会举办的比赛，这些年也涌现出其他赛事，比如记忆九段世界杯、环球记忆锦标赛、世界记忆巡回赛等，给了选手们更多的选择。不论参加什么赛事，学习记忆方法都是第一位的，有了实力才能在比赛中夺得佳绩。而比赛也是最好的练兵场，能够激发出大脑的潜能，挑战我们的极限。如果有条件的话，训练到一定的水平，就多多去参加记忆比赛吧！

【扫码关注微信公众号"袁文魁"（ID: yuanwenkui1985），回复关键词"记忆锦标赛"，观看比赛相关视频，燃起你心中的记忆圣火！更多视频可以在央视频APP关注"世界记忆锦标赛WMC"】

第三节
如何成为"世界记忆大师"？

　　"世界记忆大师"是世界记忆锦标赛®上获得的终身荣誉称号，2008年全球仅有60位，中国占10位。随着越来越多的选手投入记忆运动，目前全球的"世界记忆大师"不到1000位，中国选手占了大部分。

　　从比赛诞生以来，随着世界纪录不断被刷新，"世界记忆大师"的标准也一再提高，我们先简单了解一下这个过程。

　　1995年，全球诞生了包括多米尼克在内的8位"世界记忆大师"，那时的标准是1小时记忆4副扑克牌、1小时记忆400个数字。

　　2004年至2013年，"世界记忆大师"的标准是1小时记忆520张扑克牌、1小时记忆1000个数字、2分钟内记忆1副扑克牌。袁文魁、胡小玲、王峰等人都是在这一期间获封"世界记忆大师"称号的。

　　2014年起，"世界记忆大师"细分为"国际记忆大师""特级记忆大师""国际特级记忆大师"三个级别。之前获得"世界记忆大师"的选手，统一被称为"特级记忆大师"。

　　"国际记忆大师"在原来"世界记忆大师"三个级别标准的基

础上，增加了十大项目总分 3000 分的要求。具体算分方式，在公众号"袁文魁"（ID：yuanwenkui1985）回复"算分数"，即可获得官网查询方式。

　　算分方式与每个项目的世界纪录有关，如果有世界纪录被刷新，官方调整了项目的计分系数，达到 3000 分的难度也会相应地增加。截至 2021 年 4 月，全球总分纪录是 9652 分。

　　2020 年起，"世界记忆大师"的最新标准调整如下：

一、"国际记忆大师"（International Master of Memory，IMM）

（1）完成世界记忆运动理事会（WMSC）算入 IMM 成绩的十个项目的全部比赛。

（2）在当年算入 IMM 成绩的比赛中，总分达到 3000 分以上。

（3）1 小时内正确记忆 14 副（728 张）扑克牌。

（4）1 小时内正确记忆 1400 个随机数字。

（5）40 秒内正确记忆 1 副扑克牌。

　　第（3）、（4）、（5）个要求可以在多次比赛中达到，第（5）个要求可以在任何 WMSC 认可的锦标赛中达到。由于 1 小时的项目仅适用于世界记忆锦标赛®全球总决赛，因此第（3）个和第（4）个要求必须在总决赛达到。

　　下图是窦桥的"国际记忆大师"证书，你可以想象一下，未来你走上领奖台，领到有你名字的证书的画面。

（注：证书仅供参考，亚太记忆运动理事会
可能会根据实际需要加以优化或改动。）

二、"特级记忆大师"（Grandmaster of Memory，GMM）

在世界记忆锦标赛®全球总决赛上，总分排名前五位且总分达到 5500 分及以上，而且之前未被授予过"特级记忆大师"称号的选手。

三、"国际特级记忆大师"（International Grandmaster of Memory，IGM）

在世界记忆锦标赛®全球总决赛上，比赛总分达到 6500 分及以上的选手，可以获得"国际特级记忆大师"称号。

这个标准比较高，全球仅有 30 余位，包括中国选手韦沁汝、刘会凤、黄胜华、石彬彬、邹璐建、苏泽河、靳亭亭等。

四、"亚太记忆大师"（Asian Master of Memory，AMM）

在亚洲记忆运动会、亚太记忆锦标赛等比赛中达到标准，还会被授予"亚太记忆大师"证书，标准如下：

（1）30 分钟随机数字原始成绩超过 700 分（包含 700 分）。

（2）30 分钟记忆 7 副扑克牌，即原始分数超过 364 分（包含

364 分)。

（3）70 秒内记忆 1 副完整的扑克牌。

（4）15 分钟随机词汇原始分数超过 110 分（包含 110 分）。

（5）15 分钟人名头像原始分数超过 60 分（包含 60 分）。

（6）累计积分 4000 分及以上（WMSC 国际赛制标准）。

不论哪个级别的记忆大师，都不代表比赛项目的最高水平，只有各个项目的世界纪录才是。下表是截止到 2021 年 10 月的世界记忆纪录，更多比赛的相关成绩，在公众号"袁文魁"（ID：yuanwenkui1985）回复"比赛成绩"，即可获得查询方式。

比赛项目	世界纪录
快速数字（5 分钟）	616 个
随机数字（15 分钟）	1168 个
随机数字（30 分钟）	1844 个
随机数字（1 小时）	4620 个
快速扑克（5 分钟）	13.96 秒
随机扑克（10 分钟）	456 张
随机扑克（30 分钟）	1100 张
随机扑克（1 小时）	2530 张
听记英文数字	547 个
二进制数字（5 分钟）	1688 个
二进制数字（30 分钟）	7485 个
历史事件	154 个
抽象图形	840 分
人名头像（5 分钟）	97 分
人名头像（15 分钟）	187 分

比赛项目	世界纪录
随机词汇（5 分钟）	130 个
随机词汇（15 分钟）	335 个

五、"认证记忆大师"（Licensed Master of Memory，LMM）

很多人看到"世界记忆大师"的要求，觉得太难了！马上就想要放弃。别着急，一口吃不成胖子，我们可以循序渐进嘛！就像钢琴有专业比赛，也有业余考级，在记忆圈也有级别考试哦！

"认证记忆大师"是世界记忆运动理事会颁发的记忆技能水平认证，达到标准即可获得相应等级的证书，一共有 10 级。门槛较低，容易达标，不定期在不同城市的记忆俱乐部举办考级活动，报名资讯可在微信公众号"世界脑力锦标赛"里查询。

考级活动的记忆项目和世界记忆锦标赛®一样，只是有些项目的记忆时间不同，具体的等级标准参照下图。

考试项目	认证记忆大师考级活动水平等级									
	1	2	3	4	5	6	7	8	9	10
15 分钟随机词汇	20	25	30	40	50	60	70	80	90	100
15 分钟随机数字		40	60	80	100	120	140	160	180	200
5 分钟虚拟日期事件			6	8	10	12	14	16	18	20
5 分钟快速数字				20	30	40	50	60	80	100
5 分钟快速扑克					10	20	30	40	50	52
10 分钟随机扑克						一整副	65 张	1.5 副	91 张	两整副
听记数字							190	220	250	280
5 分钟二进制								20	30	40
15 分钟抽象图形									75	100
5 分钟人名头像										20

考试项目	认证记忆大师考级活动水平等级									
	1	2	3	4	5	6	7	8	9	10
备注	数字是各个级别需要达到的正确数量，成绩评定按照世界记忆锦标赛的评分标准。									

第1级只要求15分钟正确记忆20个词语；第2级要求15分钟记对25个词语，15分钟记对40个随机数字；第3级要求15分钟记对30个词语，15分钟记对60个随机数字，5分钟记对6个虚拟日期事件……级别越高，项目越多，要求越高。

在比赛时，以你所有项目里的最低级别，来决定你最终的级别。比如8级有7个项目达标了，但随机词语只对了20个，只达到了1级，你就只有1级。

我的学生、《最强大脑》选手饶舜涵曾经获得过10级证书。一般训练50个小时左右，达到5级或6级还是可以做到的。

"认证记忆大师"适合初学者，可以找到参加世界记忆锦标赛®的信心，积累参加比赛的经验，有机会要去挑战一下哦！

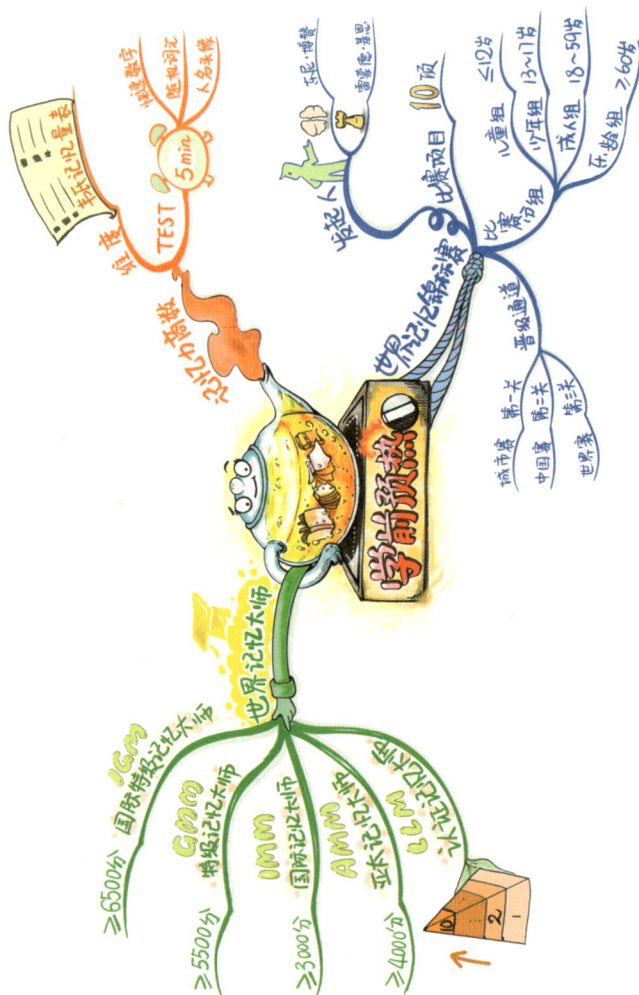

思维导图章节总结

（世界思维导图精英挑战赛总冠军 李幸潺 绘制）

第二章

记忆魔法篇

第一节
形象记忆法：抽象信息的变身术魔法

当你在看《最强大脑》时，看到的是眼花缭乱的记忆项目，各种项目呈现的形式不一，有文字的、有照片的、有符号的、有声音的。其实，在选手们的脑海中，只有一种形式，就是生动有趣的形象。

皮尔斯·霍华德博士在《大脑使用者手册》里说："除非天生双目失明，否则记忆中的所有数据都是以影像的形式储存。这些记忆被回想起来的时候也是以影像的形式出现。"

形象记忆又称为"表象记忆"，我们对日常生活中的人物相貌、自然风光、绘画作品等各种形象的记忆，是将它们的形状、大小、体积、颜色、声音、气味、味道等直接存入记忆中。这种记忆在儿童六个月左右时就已经存在，它是人脑中最本能也很有潜力可挖的一种记忆力。

我们先来做一个实验，请你打开手机倒计时功能，计时 10 秒，在这个时间内请仔细观察下面的图片，结束后闭眼将其回忆出来。

现在，请你遮住上面的图片，看着脑海中的图像，来回答这五个问题吧。

（1）戴帽子的小姑娘拿着什么颜色的网子？

（2）爸爸提着什么东西？

（3）妈妈穿着什么颜色的裤子？

（4）一家四口人踩在什么上面？

（5）谁戴了眼镜？

答完题之后，请核对一下原图，看看你对了多少个问题。有没有觉得你的记忆力很棒呢？ 10秒左右，我们就记住了大量信息哦！

这说明什么？我们本身就具有强大的形象记忆力！再通过记忆法的刻意练习，会让它变得更加神奇！

形象记忆法的训练，本书分为四个方面来讲解，分别是形象再现训练、形象活化训练、抽象词汇转化形象训练和抽象数字转化形象训练。我依次来讲解训练的技巧和方法，你准备好了吗？

一、形象再现训练

形象再现，就是将看过的形象再次浮现在脑海中，就像刚才做的那个练习一样。我们从最基础的单张图片再现开始，先来看这张"鸡"的图片，步骤如下：

第一步，找一个安静的环境坐下来，做几次深呼吸，让大脑里的杂念消失，让自己的心静下来，心里暗示自己三遍："我可以清晰地再现形象！"

第二步，观察图片几十秒，先整体观察知道这是一只鸡，接下来按照从上到下、从左往右的顺序，观察颜色、纹理等细节，比如尾巴是绿色、腹部是蓝色等。

第三步，尝试闭眼回忆，在大脑的屏幕上显现出这张图片，仿佛它就在眼前。可能刚开始是轮廓，慢慢才会有纹理和颜色，也可能有点模糊，这都很正常。

第四步，再次尝试观察图片，重点强化模糊和遗漏的部分，然后闭上眼睛回忆。如此几次之后，逐步将整个图片印在大脑里。

魔法练习：形象再现训练

请你参考上面的步骤来做训练吧，同样只有10秒时间来观察下面的图片哦！

训练完之后，请来回答以下三个问题：

（1）闹钟是什么颜色的？

（2）闹钟现在是几点钟？

（3）闹钟有没有秒针呢？

形象再现训练，后面学到数字编码之后，可以拿编码图片来练习。我曾经用过中外明星的照片、动物和植物的照片来练习。后面我们会讲到地点定桩法，在空间里找地点桩时，其实也是在训练形象再现能力。通过这些训练，观察时间将大大缩短，形象的清晰度会变得更好，保持的时间也会更持久。

除了图片以外，用实物做训练也很不错。比如，在家里找一些物品，手表、铅笔、杯子、苹果、手机等，先挑出其中一件，放在距离你 60 厘米左右的桌上。你盯着它观察 1 分钟左右，然后闭上眼睛，在脑海中勾勒出该物品的形象。尽可能呈现更多的细节，直到脑海中的形象消失，睁开眼睛再观察一次物品，30 秒之后再闭眼回忆，之后还可以再重复一次。你可以用下图来做训练。

当我们对静态的素材大量训练之后，可以考虑加入动态形象的训练。

第一种是"行走的摄像机"训练。可以在行走时，观察路边的所有东西，比如疾驶而过的汽车、大树、楼房、广告牌以及各种小摊小贩和来往的人群等，看完 10 秒之后，尝试闭上眼睛，按照顺序回想。也可以用手机录像或拍照，方便回忆完之后核对你的记忆。

第二种是"经典影视片段"训练。我在 2019 年就曾用《奇异博士》《风语咒》《大鱼海棠》等电影做过训练，截取里面 1 分钟左右的素材，观看两遍之后就尝试回忆。初次回忆时，可以听着声音，回忆画面是什么。然后再看一遍，这次可以尝试回忆画面和声音，可能对话不一定能完全想起来。没有关系，再多看两三遍，直到所有内容差不多都能回忆出来。电影片段的时间也可以从 15 秒的短视频开始，慢慢增加到 3 ～ 5 分钟。

二、形象活化训练

形象再现训练，只是将看到的直接浮现出来，而形象活化训练，需要借助你的想象力与创造力，将 2D 的静态图片变成 3D 的立体效果，甚至融入嗅觉、听觉、触觉多种感官的 4D、5D 效果，这样强烈的刺激会深化记忆效果。

从哪些方面去活化形象呢？吴言老师在《影像造奇学》里提出的"七字真言"可以借鉴，它们是"色、形、动、声、味、感、想"。

"色"就是色彩，脑海中看到的要是彩色的，不是黑白的。

"形"是形状，最好是立体的，而不是平面的。

"动"是动态，可以想象物品动起来，比如旋转、下落等。

"声"是声音，想象物品自己发出声音，比如手机响了，或者与其他东西碰撞发出声音，又如苹果落地发出"砰"的声音。

"味"是滋味和气味，比如柠檬的酸味、书籍的墨香。

"感"是触摸的感觉和情感，比如榴梿摸上去很扎手、开水很烫手。

"想"是联想和想象，比如杯子，可以想象它变大或者缩小，还可以联想到杯子里放的茶叶、糖等东西。

你可以先拿实物来练习，比如香蕉，可以观察它的色彩和形状，用它敲一敲桌子，听听它的声音。去触摸它的表皮，看看是什么感觉。剥开它，观察动态变化的过程。咬上一口，细细咀嚼品尝它的味道。想象它被你吃到肚子里，正在滋养你的身体。还可以想象一下，香蕉从播种到生长再到收获，然后运送到水果店，最终到达你手上的全过程。

　　当你完成这个过程之后，请尝试闭着眼睛，将这个过程在脑海中"播放"一遍，你头脑中的形象会越来越清晰，你的记忆力也将越来越厉害！

魔法练习：形象活化训练

　　请用这张蜗牛图片来做训练，仔细观察30秒，使用"七字真言"来想象。

　　色：请回忆出它的颜色，试着想象它变成金黄色或者任何其他颜色。

　　形：尝试将其想象成立体的，可以试着从不同角度来看它，比如旋转90度，从上往下看，这样会更有立体的感觉。

　　动：想象蜗牛正在缓慢爬行，在地上留下了一条银线，你用手去触摸它的触角，它很快就缩进了壳里面。

　　声：想象蜗牛发出"吱吱"的声音，像人打鼾的声音的缩小版，还可以想象蜗牛从树叶上掉下来，摔破了壳发出的声音。

味：想象闻到蜗牛的味道，有着泥土和雨水的气息，还有黏液的腥臭味。

感：想象用手去摸蜗牛的身体，黏黏的、滑滑的、软软的，手上还沾上了黏液，感觉有点恶心。

想：想象蜗牛变得超级大，变身为一个大力士，正在推动一个石球。还可以想象蜗牛变成了娃娃，正做出喝奶、看书、眨眼等各种动作。

形象活化训练，就像电影《哈利·波特》里报纸上的人物都变成动态的，是非常有意思的魔法，让记忆训练变得很有乐趣。这个部分，以后可以用数字编码图片来做大量的练习，实际参加记忆比赛时，可能不需要用到全部的"七字真言"，一般来说，色、形、动、想用得会更多一些，也有人很喜欢加入声和感。

三、抽象词汇转化形象训练

在本书开头的词汇测试里，很多词汇是非常形象的，比如"大麦""香蕉""婴儿""自行车"，我们毫不费力就可以想到画面。

然而，有一些词则很抽象，像"饶恕""混乱""尊重""沮丧"，这时你会怎样想象画面呢？别着急，马上你就会学到抽象词语转化的魔法：鞋子拆观众。

（一）单字的形象转化

我们先从简单的单字开始，看看如何转化。我挑选一些常见的姓氏来举例，这个在记忆人名时非常实用，转化的方法主要有以下几种：

第一种是谐音法。利用同音或近音的字，将其转化成具体的形象。比如"蔡"谐音为"菜"，想象一盘菜；"常"谐音为"肠"，想象香肠的形象；"程"谐音为"橙"，想象出橙子的形象；"邓"谐音为"灯"，想象出一个灯泡。

蔡——菜　　　常——肠　　　程——橙　　　邓——灯

第二种是增字法。增加一两个字将其组成词语，而这个词语很容易想到形象。比如"甘"可以增字想到"甘蔗""阿甘""紫甘蓝"；"毕"可以增字想到"毕加索""毕业证书"等；"葛"可以想到"葛根"，我还会想到自己的家乡湖北鄂州的"葛店镇"，还有与之相关的东晋炼丹家"葛洪"；"王"可以想到"国王""王冠""王子""王后"等。

甘——甘蔗　　毕——毕业证书　　葛——葛根　　　王——国王

第三种是拆合法。可以将汉字拆字，再通过故事联想等方式，组合成一个新的形象。比如"吴"是"口天吴"，想象天上有一张大口；"张"是"弓长张"，想象一个很长的弓；"章"是"立早章"，想象站立着吃早餐的人；"谭"是"言西早"，想象一边言语一边在吃西式早餐的人。

| 吴——口天 | 张——弓长 | 章——立早 | 谭——言西早 |

第四种是相关法。将汉字联想到相关的人、事、物等。比如每个姓氏可以想到相关的人物，"武"会想到"武松"；"孙"会想到"孙悟空"。另外也可以想到物品，比如"黄"，会由这种颜色想到"蛋黄""向日葵""龙袍"等，"唐"会由朝代想到"唐僧""唐太宗""唐三彩"。相关法有时候和增字法会有重合，比如"唐"想成"唐僧"，可以说是相关，也可以说是增字，实际记忆时，不需要分得那么清楚。

| 武——武松 | 孙——孙悟空 | 黄——蛋黄 | 唐——唐僧 |

除了以上四种，有些可能要综合用到两种或三种方法，我称之为"综合法"。比如，"冯"谐音想到了"缝"，再相关或增字想到"缝纫机"；"袁"谐音想到"猿"，再增字想到了"猿猴"；"赵"谐

音想到"照"，再增字想到了"照相机"；"吴"谐音想到"蜈"，再增字想到了"蜈蚣"。

冯——缝纫机　　袁——猿猴　　赵——照相机　　吴——蜈蚣

这五种方法，我提取里面的关键字"谐、字、拆、关、综"，谐音后变成魔法口诀叫作"鞋子拆观众"，想象你脱下鞋子把观众席给拆了。

在转化时，如果能够用增字法或相关法直接想到形象的，就优先选择这种方法，实在不行才选择拆字法或谐音法。

比如"成"，用相关法想到"成龙""郑成功"是最佳的；如果谐音想到形近的"城"，是次之的选择；如果谐音想到"橙"，字形与"成"相差较大，这是更次之的选择。

再如"范"，可以用相关法想到"华中师范大学""范伟"等形象，次之的选择是同音的谐音"饭"，再次之的选择是不同声调的谐音"帆"。

【请在微信公众号"袁文魁"（ID：yuanwenkui1985）回复"百家姓编码"，可获得 100 个姓氏的编码，此部分由"世界记忆大师集训营"学员尚海珊、吴瑞、罗树、杨雯等提供。】

（二）词语的形象转化

单个的汉字知道如何转化成形象了，词语其实也差不多，不同之处在于：

"增字法"延伸为"增减倒字"，比如对于比较熟悉的"马来西亚"，挑取"马来"两个字想象形象即可，这就是"减字"；再如"发生"倒过来想到"生发"，"著名"倒过来想到"名著"，这就是"倒字"。

"拆合"是将词语拆成字或词，每个字词变成形象之后，再通过故事联想组合成一幅画面。比如"金融"可以由"金"想到金子，"融"想到融化，就可以转化为金子融化的画面。再如"理解"，"理"想到理发师，"解"想到解开衣服，转化的画面是理发师解开了衣服。

在记忆比赛里，抽象词语包括两大类，第一类是形容词和抽象名词，比如厉害、信用等。第二类是具体的名词，比如蝰鱼、蓝脚鲣鸟，虽然它们都有具体形象，但是我们不识庐山真面目，临时记忆时，就可以借助文字来联想。

先来看第一类，我举 20 个词语为例，具体的转化思路和图像参见下表。

词汇	转化图像	词汇	转化图像
影响	谐音：音响	热情	谐音：热琴
谦虚	谐音：牵须	记忆	谐音：机翼

词汇	转化图像	词汇	转化图像
刺激	 拆合：刺扎进激光枪	固执	 拆合＋倒字：手执固体胶
恢复	 拆合＋谐音：灰太狼的腹部	引领	 拆合：引线绕在领带上面
刻苦	 拆合：刻刀在刻苦瓜	印象	 拆合＋倒字：大象印章
信念	 倒字：念信	和谐	 增字："和谐号"动车

词汇	转化图像	词汇	转化图像
卓越	 倒字＋谐音：越过桌子	自由	 增字：自由女神
福利	 相关：福袋	导致	 拆合：领导致辞
竞争	 相关：赛跑	崩溃	 相关：电脑系统崩溃
感动	 相关：流眼泪	困惑	 相关：头上有问号

魔法练习：抽象词汇转化形象训练

请将下列 10 个词语转化成形象吧，并且注明你的转化方式，如果你能够用简笔画画出来，就更棒啦！

（1）核心

（2）文化

（3）悲剧

（4）精品

（5）知道

（6）聪明

（7）智慧

（8）善良

（9）思维

（10）保障

记忆魔法学徒分享：（国际记忆裁判关常晶提供，文魁大脑国际战队思维导图分队导师张超绘图）

词汇	转化图像 1	转化图像 2
核心	相关：靶心	拆合：核桃的中心
文化	相关：博士帽	增字：文化衫

词汇	转化图像 1	转化图像 2
悲剧	 谐音：杯具	 拆合 + 谐音：悲伤的面具
精品	 拆合 + 谐音：水晶制品	 增字：精品店
知道	 谐音：直道	 拆合：知了在道路上
聪明	 相关：一休	 谐音 + 拆合：葱很明亮
智慧	 谐音：指挥	 相关 + 谐音：有灰痣的 长者

词汇	转化图像 1	转化图像 2
善良	 相关：捐款	 谐音：扇凉
思维	 增字：思维导图	 相关：大脑神经元
保障	 相关：路障	 谐音：宝藏

　　接下来再看看另一类，主要包括动物、植物、生活用品等，它们在我们的生活中比较少见，不容易直接想象画面，此时就需要用到"鞋子拆观众"了。

　　一般情况下，为了更精准地记住是哪些字，使用拆合法会多一点，最好是给拆开的字直接组词想到具体的形象，如果比较生僻，也可以适当使用谐音法。

　　我以下面 8 个词汇为例，请查看转化方法及参考图片。

词汇	转化图像	词汇	转化图像
竹芋	拆合：竹子树上长了很多芋头。	多瑙河	拆合：有很多玛瑙的河流。
鳄梨	拆合：鳄鱼在吃梨。	信天翁	拆合：信件从天上降落到老翁的手里。
婆罗门	拆合+谐音：婆婆拿着萝卜放在门前。	水田芥	拆合：水田上长着很多芥末。

词汇	转化图像	词汇	转化图像
玳瑁	 谐音：戴帽。左边是王字旁，想象国王戴帽子。	鳗鱼	 谐音：慢鱼。一条很缓慢的鱼，被甩在鱼群后面。

魔法练习：陌生名词的形象转化训练

下列词汇，如果知道形象可以直接想出来，不知道的请用方法转化。

第一组

词汇	转化图像	词汇	转化图像
塘鹅		基座	
贼鸥		袋狸	
套索		棕竹	
拱廊		狸猫	
月桂		箭猪	
石笋		石蕊	
罗浮宫		赫拉	
雏菊		豆蔻	
紫仓		毛丹	
腊克		凤仙花	

第二组

词汇	转化图像	词汇	转化图像
龟背竹		蝉虾	
肉桂		鸬鹚	
圣饼		椰奶	
熏鲑		豚鼠	
垒球		苦艾	
巴乌		紫苏	
云豹		变叶木	
渡渡鸟		缅甸	
乌梅		枪乌贼	
龙葵		红醋栗	

【请在微信公众号"袁文魁"（ID：yuanwenkui1985）回复"参考联想"，可获得完整参考联想，此部分由文魁大脑国际战队选手窦桥提供。】

四、抽象数字转化形象训练

数字虽然只有 0～9 这十个，但随机组合之后顺序不好记，记忆大师的秘密武器就是数字编码，我们将数字 00～99 分别转化成具体的形象，一般通过发音、形状和意义来转化。

从发音的角度，谐音是用得最多的。比如 14 谐音为钥匙，15 谐音为鹦鹉，21 谐音为鳄鱼，23 谐音为和尚。也有一些是拟声，比如 55 的声音类似火车的呜呜声，所以 55 的编码是火车；44 像是蛇发出的咝咝声，所以 44 的编码是蛇。

从形状的角度，有少量的数字比较像具体的实物，比如 1 的形状像蜡烛，2 的形状像鹅，3 的形状像耳朵，10 像是一根棒球棍加上一个棒球。

从意义的角度，主要是相关的联想，比如节日，三八妇女节、五一劳动节、六一儿童节，分别挑选一位典型的妇女、工人和儿童的形象。有时也会用到一些知识，比如据说猫有 9 条命，所以 09 的编码是猫。

根据这三种转化方式，任何数字都可以想到很多种形象，比如 35，谐音可以想到"山虎"或"珊瑚"，相关可以想到 555 牌香烟，我们可以从中挑选比较形象且生动的，作为自己常用的数字编码。

本书采用的是记忆魔法师数字编码 2020 年版，有一些编码和我以前的书籍不同，你自己也可以根据情况来微调部分编码。图片仅供参考，你也可以想到自己熟悉的相关形象，比如 13 想成你认识的医生，14 想成你家里的钥匙。

后面在讲解数字记忆项目时，会具体讲解该怎样使用这些数字编码，请你先做到能够 3 秒钟反映出每个数字的编码。

【在微信公众号"袁文魁"（ID：yuanwenkui1985）回复"数字编码 2020"，可以获得高清大图版及视频讲解版。】

记忆魔法师数字编码 2020 年文字版

01 灵药：灵芝	02 铃儿	03 三脚凳（形）	04 零食：瓜子
05 手套（形）	06 手枪（6 发子弹）	07 锄头（形）	08 溜冰鞋（8 个轮子）
09 猫（9 条命）	10 棒球（形）	11 梯子（形）	12 椅儿
13 医生	14 钥匙	15 鹦鹉	16 石榴
17 仪器：酒精灯	18 腰包	19 衣钩	20 按铃

21 鳄鱼	22 双胞胎	23 和尚	24 闹钟（1 天 24 小时）
25 二胡	26 河流	27 耳机	28 恶霸：强盗
29 恶囚	30 三轮车	31 鲨鱼	32 扇儿
33 闪闪红星	34（凉拌）三丝	35 山虎	36 山鹿
37 山鸡	38 妇女（节日）	39 三角尺	40 司令
41 蜥蜴	42 柿儿	43 石山	44 蛇（咝咝声）
45 师父：唐僧	46 饲料	47 司机	48 丝瓜
49 湿狗	50 奥运五环（5 个环像 0）	51 工人（节日）	52 鼓儿
53 武松	54 巫师	55 火车（呜呜声）	56 蜗牛
57 武器：坦克	58 尾巴：松鼠	59 蜈蚣	60 榴梿
61 儿童（节日）	62 牛儿	63 流沙：沙漏	64 螺丝
65 尿壶	66 溜溜球	67 油漆刷	68 喇叭
69 料酒	70 冰激凌	71 机翼：飞机	72 企鹅
73 花旗参	74 骑士	75 起舞：舞者	76 汽油桶
77 机器人	78 青蛙	79 气球	80 巴黎铁塔
81 白蚁	82 靶儿	83 芭蕉扇	84 巴士
85 宝物：元宝	86 背篓	87 白旗	88 爸爸
89 芭蕉	90 酒瓶	91 球衣	92 球儿
93 旧伞	94 教师	95 救护车	96 旧炉
97 酒器	98 球拍	99 脚脚	00 望远镜（形）
0 游泳圈（形）	1 蜡烛（形）	2 鹅（形）	3 耳朵（形）
4 帆船（形）	5 秤钩（形）	6 勺子（形）	7 镰刀（形）
8 眼镜（形）	9 口哨（形）	—	—

注：除特别注明以外，一般都是用谐音的方式。

记忆魔法师数字编码表2020版

00 望远镜	01 灵药（灵芝）	02 铃儿	03 三脚凳	04 零食（瓜子）
05 手套	06 手枪	07 锄头	08 溜冰鞋	09 猫
10 棒球	11 梯子	12 椅儿	13 医生	14 钥匙
15 鹦鹉	16 石榴	17 仪器（酒精灯）	18 腰包	19 衣钩
20 按铃	21 鳄鱼	22 双胞胎	23 和尚	24 闹钟
25 二胡	26 河流	27 耳机	28 恶霸（强盗）	29 恶囚
30 三轮车	31 鲨鱼	32 扇儿	33 闪闪红星	34 三丝

35 山虎	36 山鹿	37 山鸡	38 妇女	39 三角尺
40 司令	41 蜥蜴	42 柿儿	43 石山	44 蛇
45 师父（唐僧）	46 饲料	47 司机	48 丝瓜	49 湿狗
50 奥运五环	51 工人	52 鼓儿	53 武松	54 巫师
55 火车	56 蜗牛	57 武器（坦克）	58 尾巴（松鼠）	59 蜈蚣
60 榴梿	61 儿童	62 牛儿	63 流沙（沙漏）	64 螺丝
65 尿壶	66 溜溜球	67 油漆刷	68 喇叭	69 料酒
70 冰激凌	71 机翼（飞机）	72 企鹅	73 花旗参	74 骑士

75 起舞（舞者）　76 汽油桶　77 机器人　78 青蛙　79 气球

80 巴黎铁塔　81 白蚁　82 靶儿　83 芭蕉扇　84 巴士

85 宝物（元宝）　86 背篓　87 白旗　88 爸爸　89 芭蕉

90 酒瓶　91 球衣　92 球儿　93 旧伞　94 教师

95 救护车　96 旧炉　97 酒器　98 球拍　99 脚脚

0 游泳圈　1 蜡烛　2 鹅　3 耳朵　4 帆船

5 秤钩　6 勺子　7 镰刀　8 眼镜　9 口哨

魔法练习：熟悉背诵数字编码

请尝试熟悉这110个数字编码，看到数字能瞬间想到编码是什么。刚开始训练时可以尝试读出来，特别是一些谐音编码，比如看到14，先读出"14"，并读出谐音的文字"钥匙"，再由"钥匙"想到编码图片。当我们大量练习之后，就会看到14直接想到编码图片，不需要文字或声音作为桥梁。

请尝试在你熟背所有编码之后，将下面数字对应的编码写出来。

05 _____		12 _____	
15 _____		18 _____	
20 _____		23 _____	
27 _____		29 _____	
33 _____		38 _____	
39 _____		41 _____	
43 _____		46 _____	
48 _____		49 _____	
55 _____		59 _____	
67 _____		74 _____	

　　首先我来给你做一个小测试，下面有 5 组成对出现的词汇，每一组都由毫无关联的两个词语组成，看完一遍之后，请你尝试一下，看到某个词要说出对应的词语是什么！

　　第一组：火车——天空

　　第二组：吉他——柳树

　　第三组：铅笔——石头

　　第四组：咖啡——秦始皇

　　第五组：手机——纪念碑

　　好的，请尝试遮住上面的内容，写出答案。

　　柳树：_____

　　铅笔：_____

　　咖啡：_____

　　纪念碑：_____

　　天空：_____

　　如果只是死记硬背，你可能扭头就忘了。有一些人会将这两个词语联系起来，构建出一幅有意义的画面，这就是所谓的"联想"。

比如咖啡和秦始皇，很容易就想到秦始皇正在喝咖啡的画面。

通过"联想"将两个毫无关联的东西进行配对，由其中一个可以想到另一个，这种方法就叫"配对联想法"。在学习和工作中，能够用到配对联想法的场景很多，记忆作家的代表作、国家对应的首都、省份对应的简称、古人对应的别称、领导对应的职务、朋友对应的电话、人名对应的面孔、英语单词对应的汉语意思，等等。当你学会了配对联想法，从此就不会再乱点鸳鸯谱，经常张冠李戴了。

从记忆比赛来看，很多项目都会使用到配对联想法，本节主要分享形象词汇配对联想、抽象词汇配对联想，这些是记忆词汇等大部分项目的基础。

一、形象词汇配对联想

形象词汇是很容易想到画面的词汇，配对起来相对容易。我以5组词汇为例，这次会分享该如何配对联想，你可以看到文字和图片后想象画面，看你是否比刚才的测试要记得多、记得牢。

第一组：毛巾——注射器。想象毛巾揉成一团像是屁股，用注射器一针扎进毛巾，朝里面注射蓝色的药液。

第二组：飞机——马桶。想象遥控飞机在家里飞，突然失控飞进了马桶里，"砰"的一声爆炸了，马桶里的尿液四处飞溅，臭味熏天。

第三组：棒棒糖——足球。想象你把棒棒糖的棍子插进足球的气孔，气孔里喷出强烈的气流，把棒棒糖射飞了出去。

第四组：粉笔——钢琴。想象钢琴的琴键上立着很多支粉笔，粉笔此起彼伏地按下琴键，弹奏出动听的歌曲。

第五组：婴儿——鲤鱼。想象婴儿骑在一条金色大鲤鱼的身上，婴儿哇哇大哭发出号令，鲤鱼就腾空而起跃过了龙门。

好啦，现在挑战要开始啦！

足球对应着什么？ _____

注射器对应着什么？ _____

飞机对应着什么？ _____

粉笔对应着什么？ _____

鲤鱼对应着什么？ _____

如果你能够比上一次做得更好，那么这都是"配对联想法"的功劳。配对联想要怎样才可以效果更好呢？我为大家分享四个关键法则：

一是要有具体形象。脑海中呈现出"心像"，这是关键中的关键。联想并不是语文里面的造句，不是用左脑来记住这些句子，而是用右脑去呈现出画面。

二是要相对独特。在婴儿和鲤鱼进行配对时，为什么婴儿要哇哇大哭发出号令，因为这是婴儿的特点，为什么鲤鱼要跃过龙门，因为这是鲤鱼的特点。另外，粉笔在弹钢琴，这种拟人化的夸张技巧，也让人耳目一新。

三是要彼此接触并有动态。只是想象毛巾旁边有注射器、飞机上有马桶，也可以记住，但有动态的效果会更好。呈现动态的方式，一个是"主动出击法"，就是用它自身的特征来发出动作，比如注射器在扎针；另一个可以借用其他类似物品的动作，叫作"另显神通法"，比如粉笔像是手指头，在弹钢琴。

四是要融入多种感官，不仅是在脑海中看到画面，还可以借助听觉、触觉、嗅觉、味觉等多种元素，包括加入自身的情感。飞机和马桶的配对联想，"砰"的一声爆炸了，是听觉；尿液的臭味熏天，是嗅觉。经历了这些之后，你会有恶心的感觉，这都能够让我们印象深刻。

魔法练习：具体词汇配对联想

请尝试将以下词汇配对联想，可以参考上面的主动出击法或者另显神通法。

（1）眼镜蛇——香烟

_____

（2）柚子——调色板

_____

（3）鲤鱼——卡车

_____

（4）彗星——猴子

_____

（5）蝙蝠——雪屋

_____

（6）纪念碑——大炮

_____

（7）海鸥——大提琴

_____

（8）血液——花瓣

_____

（9）飞机——树叶

_____

（10）镜子——胶带

_____

记忆魔法师学徒分享（由"国际记忆大师"陈进毅提供，文魁大脑国际战队思维导图分队导师张超绘图）：

（1）眼镜蛇——香烟

记忆：眼镜蛇缠住了一包香烟，香烟盒中间凹下去，两边翘起来了。

（2）柚子——调色板

记忆：我拿着柚子在调色板上滚动，柚子染上了各种色彩。

（3）鲤鱼——卡车

记忆：鲤鱼从卡车里跳了出来，准备逃回水里去。

（4）彗星——猴子

记忆：彗星从天上掉下来，砸到了猴子的尾巴，猴子疼得上蹿下跳。

（5）蝙蝠——雪屋

记忆：蝙蝠飞落到雪屋的顶上，用翅膀把雪扫到地上。

（6）纪念碑——大炮

记忆：纪念碑倒下来，砸到了大炮，把大炮压坏了。

（7）海鸥——大提琴

记忆：海鸥用它的翅膀在拉大提琴，声音非常刺耳。

（8）血液——花瓣

记忆：一滴血液滴在桃花的花瓣上，花瓣变得鲜红。

（9）飞机——树叶

记忆：飞机起飞时带起了地上的树叶。

（10）镜子——胶带

记忆：我用胶带粘好了破裂的镜子。

二、抽象词汇配对联想

形象词汇配对联想相对简单，如果遇到有一个或两个是抽象词汇，该怎么办呢？一般情况下，我们会先通过"鞋子拆观众"将抽象词汇转化成具体形象，再将两个形象通过故事联想在一起。

我以下面的 5 组词汇为例（由文魁大脑国际战队思维导图分队导师张超绘图）：

（1）格局——挑战

转化：有格子的棋局——挑战者。

记忆：在有格子的棋局面前，挑战者正在挑战完成残局。

（2）理念——规范

转化：理发师念书——圆规画出范围

记忆：理发师念书时，用圆规画出要念的范围。

（3）消灭——印象

转化：灭火器——大象印章

记忆：我手拿灭火器喷向印章，印章上的大象被消灭了。

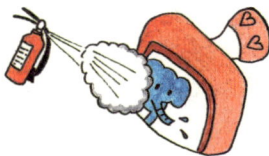

（4）导致——优秀

转化：领导致辞——"优秀员工"奖杯

记忆：领导致辞时，给员工颁发了"优秀员工"奖杯。

（5）喜剧——精准

转化：喜剧节目——精灵在瞄准

记忆：精灵瞄准了正在播放喜剧节目的电视，将电视射中了。

魔法练习：抽象词汇配对训练

请尝试将以下词汇进行配对联想，并且写出你的记忆方法。

（1）资源——试图

_____

（2）享受——缺陷

_____

（3）悲剧——引导

_____

（4）知识——自由

（5）聚焦——克制

（6）迷失——人脉

（7）遗忘——导体

（8）缤纷——懊悔

（9）提供——伟大

（10）启迪——奉献

【请在微信公众号"袁文魁"（ID：yuanwenkui1985）回复"参考联想"，可获得完整参考联想，此部分由文魁大脑国际战队选手陈进毅提供。】

第三节
锁链故事法：长串知识的糖葫芦魔法

心理学家已经证明，人类的大脑是一台故事接收器，而故事能帮助我们更好地记忆。在电视剧《爱情公寓5》里面，张伟要给朋友主持婚礼，却记不住主持词，向大力请教有没有记忆方法，大力说："我可以教你快速记忆法里排名第一的编故事记忆法。每一句致辞绑定一个画面，所有的画面组成一个故事，这就是编故事记忆法。"张伟一学马上就记住了。

在记忆法里，锁链故事法是图像锁链法和情境故事法的合称。两种方法经常放在一起混用，在讲解时，我分别来进行分享。

一、图像锁链法

你一定玩过成语接龙游戏，比如"亡羊补牢—牢不可破—破釜沉舟—舟中敌国"，它要求下一个成语的第一个字是上一个成语的最后一个字，就像一条锁链一样，把这些成语连在一起。我接触过一个4岁的孩子，他可以将上百个成语哗啦啦按顺序背出来，可见锁链是可以促进记忆的。

而图像锁链法和它的原理很相似，就是将要记忆的信息转化成一个个图像，然后将这些图像如锁链一样串起来。

串联的方式，一般通过彼此接触或者发生动作，比如打、压、敲等，将 A 和 B 连在一起，B 和 C 连在一起，C 和 D 连在一起，以此类推。如果两两之间连得比较紧密，就可以顺藤摸瓜全部想起来。

（一）圆周率的记忆

我先以圆周率小数点后 20 位为例，来示范一下图像锁链法，这是世界记忆总冠军王峰等人学习记忆法的第一课。你可以先看下图，熟悉数字及对应的编码。

第一组：14159265358979323846

14 钥匙	15 鹦鹉	92 球儿	65 尿壶	35 山虎

89 芭蕉	79 气球	32 扇儿	38 妇女	46 饲料

接下来，请你看一遍下面的文字解说和图片，在脑海中想象出动态画面。

钥匙→鹦鹉：钥匙插到鹦鹉的背上，鹦鹉发出"哇"的一声尖叫，扑棱着翅膀在挣扎。

鹦鹉→球儿：鹦鹉用爪子用力地抓住了球儿，将球儿"啪"的一声抓爆炸了。

球儿→尿壶：球儿飞出去砸到了尿壶，尿壶打翻了，溅出来很多难闻的尿液。

尿壶→山虎：尿壶泼出的尿液洒到了山虎身上，山虎的毛全都湿淋淋的。

山虎→芭蕉：山虎扑到了芭蕉上面，一口咬住芭蕉，把芭蕉吞掉了一半。

芭蕉→气球：芭蕉被扔出去砸向了气球，气球被砸破了一个洞，正在漏气。

气球→扇儿：从气球上面扔下来很多把扇儿，扇儿在空中旋转飞舞着。

扇儿→妇女：扇儿落到了妇女面前，给正在做饭的妇女扇风，妇女的头发被吹了起来。

妇女→饲料：妇女用勺子炒好了菜，将菜倒在了饲料袋里面。

现在，请你尝试闭眼回想一遍图像，然后将其"翻译"成数字，写在下面的横线上面吧。

1.＿＿＿＿　2.＿＿＿＿　3.＿＿＿＿　4.＿＿＿＿　5.＿＿＿＿

6.＿＿＿＿　7.＿＿＿＿　8.＿＿＿＿　9.＿＿＿＿　10.＿＿＿＿

魔法练习：图像锁链法记圆周率

请尝试用图像锁链法，将圆周率小数点后 20 位记忆下来。

第二组：26433832795028841971

26 河流　　43 石山　　38 妇女　　32 扇儿　　79 气球

50 奥运五环　　28 恶霸：强盗　　84 巴士　　19 衣钩　　71 机翼

参考联想：

河流的水冲到了石山上，石山上的灰尘飞到妇女身上，妇女的铲子铲到扇儿上面，扇儿扇飞了气球，气球上抛下奥运五环，奥运五环砸到强盗的头上，强盗用刀劫持了一辆巴士，巴士顶上伸出一个巨型衣钩，衣钩钩住了飞机的机翼。

　　这种方式我们也可以用来记忆日常生活中的数字，比如手机号、取货码、账号密码、出生年月日等，但在正式的记忆比赛中记忆大量数字，选手一般采用的是下一节我们要讲到的地点定桩法。

二、情境故事法

情境故事法，就是将要记忆的信息按顺序编成一个有情节的故事，在脑海中像电影一样呈现出来。为什么要编成故事呢？因为故事有画面、有趣味性、有逻辑性，能够将零散的信息像珍珠一样串联起来。

（一）编故事的原则、步骤和误区

故事是有黏性的，那我们怎样编故事更能帮助记忆呢？要注意三个原则：

一是要简洁明了。不要把八竿子打不着的东西都扯进来，编的故事像老太婆的裹脚布——又臭又长。

二是要具体形象。时间、地点、人物、事件都要具体，脑海中要有画面呈现。

三是要生动有趣。不要把说故事变成了讲道理，或者编得让人听了想睡觉，在故事中加一些反转、意外和夸张，会让人印象更加深刻。

假设现在给你 6 个词汇：荒岛、松鼠、钢琴、豆腐、公鸡、咖啡，应该按怎样的思路编故事呢？我的步骤如下：

第一步：概览

先大致浏览一下所有词语，看看能够产生怎样的联想，再看看刚开始的三四个，有没有可以作为主角、场景、时间的。如果没有主角，可以根据内容来虚构一个。在这里，荒岛可以作为场景，松鼠可以作为主角。

第二步：尝试

先试试将前面的三四个编一下，接下来再根据逻辑往后联想。我先开个头，想象在荒岛上一只松鼠正在弹钢琴，弹饿了就拿出一块豆腐来吃。那公鸡和咖啡怎么接呢？想到松鼠吃完豆腐口渴了，公鸡端上来一杯咖啡给它解渴，为什么是公鸡端上来的？我就想象公鸡穿着服务生的衣服，松鼠是它的客人。

当然，故事有很多不同的编法，你还可以想象公鸡想来抢豆腐吃，松鼠端起一杯咖啡就泼到公鸡身上，变成了落汤鸡。

第三步：修正

整体都编完之后，再重新捋一遍故事情节，想想不太符合逻辑或不太接得上的部分怎样优化，然后在脑海中回想一两遍。刚才这个故事的后一个版本更夸张、更有趣，我就将这个版本确定下来，并且复习强化。

第四步：记录

将故事用文字记录下来，也可以尝试用简笔画画出来，方便以后遗忘时复习。我在 2008 年背诵《道德经》《论语》《大学英语六级单词》等书籍时，书里面我就记录了大量的故事。

在编故事时，特别要注意一个误区，就是有太多的并列信息，这样就不太容易记住顺序。比如，"我一边吃着橘子，一边看着电影，一边听着音乐，一边想着心事""我出门买东西，买了苹果、橘子、李子、木瓜、香蕉"。

要让大量的并列信息容易记忆，要注意彼此衔接部分的因果逻辑。比如"我运动，我吃饭，我胖了"这三个信息之间没有关联，如果加上"因为……所以"，就可以更好地编成故事。

想想这个场景：我下午在健身房运动，透支了体力，所以晚上吃饭就多吃了两碗，结果我在秤上一称，居然胖了 2 斤。这样要回忆起 3 个词汇的顺序，就变得非常容易了。

（二）圆周率的记忆

我们还是用圆周率来举例，看看用情境故事法怎么记忆，请你先看图，熟悉小数点后第 41 ～ 60 位圆周率数字以及编码。

第三组：69399375105820974944

69 料酒　　39 三角尺　　93 旧伞　　75 起舞　　10 棒球

58 尾巴　　20 按铃　　97 酒器　　49 湿狗　　44 蛇

　　这个故事由国际记忆裁判官常晶老师提供，她由"三角尺"想到了数学老师，场景就是在教室里面。故事如下：

　　数学老师把料酒洒在三角尺上清洗它，料酒洒出去溅到打着伞的舞者身上。

　　舞者非常生气，拿起了棒球棍挥出一个球，不小心打到了一只松鼠，松鼠慌乱中按响了一个按铃。

　　按铃遥控着酒器从里面喷出酒来，把狗全身都打湿了，湿狗一甩身上的酒，辣味呛得蛇赶紧逃跑了。

魔法练习：情境故事法记圆周率

请尝试用情境故事法，将圆周率小数点后第 61 ～ 80 位记忆下来。

第四组：59230781640628620899

59 蜈蚣　　23 和尚　　07 锄头　　81 白蚁　　64 螺丝

06 手枪　　28 恶霸：强盗　　62 牛儿　　08 溜冰鞋　　99 脚脚

记忆魔法师学徒分享（由国际记忆裁判关晶提供）：

一只蜈蚣爬到和尚的脑门上，和尚气得抢起锄头就锄下去，结果没看清，锄到了白蚁。

白蚁想要报仇，就把螺丝装进手枪，它遇到一个恶霸在欺负人，于是它放下个人仇恨去射击恶霸。

恶霸吓得骑上牛儿逃跑，嫌牛慢，还给它的脚上穿上溜冰鞋，一路飞跑，却莽撞地压到了一个女孩的脚脚，疼得她哇哇大哭。

第四节
地点定桩法：海量信息的定位仪魔法

地点定桩法，又称为"记忆宫殿法"，或者"行程法""挂钩法""古罗马房间法"等。有些人因为电视剧《读心神探》或《神探夏洛克》，听说过"记忆宫殿"，而它是真实存在的一种方法。

地点定桩法，是指在记忆之前，在某个空间里，提前按顺序找到一系列小空间和物品，我们称之为地点或地点桩，然后将要记忆的信息转化成形象之后，分别与每个地点进行联想。

地点桩类似于舞台，要记的信息如同是演员，演员们分别在不同的舞台上进行表演。地点定桩法可以解决两大问题：一是提供了信息回忆的一个空间线索；二是可以借助地点桩的顺序来记忆大量信息的顺序。这种方法在记忆比赛中大量采用，记忆大师一般有1000～2000个地点，"找地点"是记忆大师的基本功。

一、什么可以作为地点桩？

要去"找地点"，首先要知道"地点"长什么样。下图是在室内找的10个地点，请在微信公众号"袁文魁"（ID：yuanwenkui1985）回复"美林地点"，查看视频版本的地点桩。

可以看到，这里面用了鞋架、纸袋、垃圾桶等物品当作地点，实际上，地点并非只是孤立的物品，而是物品以及周围的立体空间。比如右图里的地点不只是花瓶，花瓶和地板、墙等构成的空间，共同构成了一个地点桩。

那用作比赛的地点，具体有哪些特点呢？

（一）相对熟悉

熟悉的地方不仅有亲近感，而且很容易记住。比如自己的家，闭上眼睛都知道电视的左边是什么、桌子的右边是什么、厨房的碗在哪个位置。所以我们先考虑熟悉的地方，家、学校、公司等优先，然后是朋友家、公园、酒店等。

当然，熟悉的地方数量有限，要找1000个以上地点，必须去陌生的地方。在"世界记忆大师集训营"里，教练们每周会带大家找地点桩。比如去一个农庄，让大家先"旅行"，将农庄逛一遍，闻一闻花草、摸一摸物品、荡一荡秋千等。亲身体验后，农庄就会由陌生变熟悉，地点桩也就很好打造了。

（胡小玲老师带领学员找地点桩）

（二）顺序好记

找地点桩的时候，一般按照顺时针或者逆时针的顺序来找。顺时针更符合大部分人的思维习惯，可以根据自身的情况和地点的特点来灵活处理。一般地点桩按顺序连起来会成为一条清晰的线，而不是一团乱麻，这样才方便记住。

还要注意：同一水平线上的地点不要超过 3 个。大脑喜欢有节奏和韵律的东西，不喜欢一成不变。

以下图为例，三条水平线上各有几个盆栽，绿线是在同一条线上找了 4 个，这 4 个的顺序就容易混淆；橙线是找了芦荟、仙人球、水仙作为地点，高低错落，顺序就会更容易记忆。

（三）特征独特

找地点尽量要让地点特征突出，彼此不同，这样才容易区分记忆。有时候在一个空间里，难免会有同样的东西，比如椅子可能有好几把，该怎么办呢？

有人说："我将每把椅子都编好号：1、2、3、4、5……这样可以吗？"如果这样可行的话，电影院或体育馆是最容易找地点的地方。

如果在一个空间内，真的要用很多把椅子作为地点，该怎么办呢？

首先，地点桩是按顺序来找的，两把椅子，如果背景和周围的东西不一样，也是可以进行区分的。比如一把椅子靠着门，另一把椅子靠着窗户。

其次，可以改造地点来区分。比如右图，一把椅子上放着一个钟，另一把椅子上放了一块木板，就让它们不一样了。还可以一把椅子翻过来，另一把椅子倒下来，这样也不一样了。

最后，还可以将物品拆分来区分。一把椅子用椅背做地点，另一把椅子用椅腿做地点，还有一把椅子用椅座做地点，这样也让它们变得不同。

（四）立体感强

经常有人问："墙上挂的画可不可以作为地点？"一般我不建议采用。比如下图里的三幅画，一是因为它很平面；二是把它比作舞台，它无法承载上面的"演员"，除非用502胶粘上，不然"演员"就掉下去了。钟表、窗帘、玻璃都有类似的特点，一般都要慎用。

怎样的地点才是有立体感的呢？下方有一个面能托起东西，后面或侧面有竖直面能靠，物品本身也有一定的体积。比如左图中的台灯，下面有一个桌子可以托起东西，后面有一个背景墙，而台灯本身也是立体的。这个茶几，如果只以茶几的桌面作为地点，就很平面，上面有托盘里的东西，形成了一个可以靠的竖直面，整体上作为地点就比较立体了。

有些选手喜欢用夹角，比如门相对比较平面，但是把门打开一点，和地面形成了一个夹角，那个空间就是可以作为地点的。同理，抽屉关上时是平面的，打开一小半之后，就相对立体了。水桶、锅、马桶等揭开盖子，也会更好用一些。

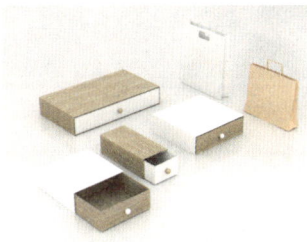

（五）大小适中

在记忆的时候，地点太大或太小，都会影响记忆的效果。比如，在大学里找地点，找了教学楼、图书馆、寝室楼等房子，就相对太大了。空间过大时，耗费"内存"更大，而且需要把要记忆的信息想象放大，才能够看得更加清楚，这样会比较累。如果地点桩太小，比如一块橡皮、一个开关等，就很容易被忽略，记忆的时候也会被形象盖住，比如一只鳄鱼放在"橡皮"上，就看不见"橡皮"了。

到底多大适合作为地点呢？可以以常见的枕头作为参考，比它大一点或小一点都可以，但如果太大，比如整个床，就可以拆解成局部，比如枕头、被子、床头等。

另外，还要注意，地点的大小和观察位置有关。有一个规律是"近大远小"，同样一个地点，离它越近观察，它就会越大。我们一般找地点时，会在离它半米到一米之间的位置，地点较小时，就可以走近将其放大，反之亦然。请看下面两张图，如果以抱枕作为地点，用第二张图来观察就比较合适。

（六）相对固定

我们找的地点桩，不要找容易移动的，比如动物、人物，这些记忆大师一般不用。另外，变动比较大的物品要少找，比如容易移动的拖鞋、书包等。右图中的鸽子不宜寻找，椅子、花盆如果经常在这里，可以寻找。

当然，我们大部分找地点的场所，找完记住以后再去那个场所

的可能性比较小，这些东西移动与否，也不影响我们。即使是在自己家，影响也不大。2019 年我在家里找地点，当时是刚搬家不久，家里很简单，我就将很多东西搬到特定的地方，来设置更适合的地点，找完之后再物归原位。不管后来家里怎么移动，我回忆时都会想到我记住的地点，并不会造成干扰。

（七）角度合理

一般观察东西时，俯视或者仰视都不合适，你看下面两张图，就会觉得很奇怪，对不对？我们平时看电影，是不是坐在中间的位置更合适？最左或最右，第一排或最后一排，都不太舒服，所以我们找地点也需要找到舒服的角度。

在找地点的时候，想象你的眼睛是一台摄像机，可以上下转动，向上 45 度到向下 45 度之间会比较舒服。因此，头顶上的天花板，看不清楚顶部的空调、挂灯（如下图所示）等，都不适合作为地点桩。

当然，角度不合适，有些是可以通过观察位置来调整的。比如下面在商场里找的地点，一个指示牌。图一是接近仰视了，不适合作为地点桩，后退到离它 2 米之后，只需要稍微抬头就看到了如图二所示的画面，指示牌的顶部可以作为地点。

(图一：仰视图)　　　　(图二：合理视图)

（八）光线适中

我经常拿拍照比喻，光线太亮时，会曝光过度，上面的图像是白色的，看不清楚；光线太暗时，会曝光不足，上面的图像是黑色的，也看不清楚。

如果在晴天去室外找地点，要避开中午时间。在"世界记忆大师集训营"中，我们会选择早上10点前将地点找完，阴雨天和晚上不推荐选手去户外找地点。如果是室内找地点，光线不够亮时要开灯，有些局部比较暗时，可以用应急灯、手电筒等补光。有些地方实在不合适，比如昏暗的地下仓库，就可以舍弃。

请你思考：下图中哪个房间的光线更适合找地点呢？

（九）距离适中

两个地点的垂直距离一般在半米到一米之间，室外较空旷时，也可以达到 2 ～ 3 米。注意不同地点在记忆时不要相互影响，就像是舞台表演一样，两个舞台隔得太近，演员容易跑到其他舞台上，这样就很容易记忆混乱；隔得太远，要跑到下一个舞台就耗时比较久，还容易忘掉下一个舞台是什么。

比如左图，如果找"台灯"和"狗狗相框"，距离比较近，很容易产生干扰，选择"台灯"和"大象"就比较合适。如果"枕头"的下一个直接是"大象"，距离就比较远，按照"枕头—台灯—大象"这个顺序，地点之间的距离相对合适。

（十）繁简适中

过于繁杂或单调的环境也不利于找地点桩。比如，去下面这个女孩家里找地点，房间里面的东西乱七八糟，无处下脚。整体上给人的感觉不太好，要在众多垃圾中淘地点也很困难，即使找到了，以后用起来也别扭。超市、菜市场、大街等人流密集且比较脏乱的地方，同样也不适合。

相反，一个极简单的房间，东西太少，颜色单一，也不适合找地点，因为空间布局太疏，能选的东西有限，比如右图。

一般来说，疏密有致、有一定的整洁度、有生活气息的地方会更好，如果是在自己熟悉的地方找，条件允许时，也可以提前做一个整理和布局。

二、找地点桩的步骤

找地点桩如果是现场手把手示范，效果更好。"世界记忆大师集训营"期间，教练会提前踩点选好适合的场所，带领学员一起去找地点，现场示范两三次之后，学员们就可以自己找了。

一般来说，比赛选手的地点都是 30 个为一组，可以记忆 120 个数字或者一副扑克牌。如果在一个场所能找到 2 ~ 4 组，就相对比较合适，至少要能够找到 1 组，不然就不值得一去。初学者每次只找 1 组，找地点的水平高了之后，可以每次找 2 ~ 6 组，等这些地点熟练之后，再去找新的地点。

具体在找的时候，步骤如下：

第一步，熟悉场所。初来乍到，像旅行者一样四处游览，看一看场所的布局和物品，思考哪些东西可以作为地点桩、怎样的线路能尽可能多地找地点。

第二步，适当调整。如果条件允许，在两个距离较远的地点之间，可以移动一个东西放在中间。有些东西的角度不太合适，可以适当调整角度。

第三步，初选地点。有一个找地点的技巧是沿着墙来找，可以10 个地点作为一个节点，一边找一边数。到了 30 个的时候，就可以暂停一下。

第四步，回想调整。闭上眼睛回忆一遍，有哪些想不起来的再看一遍，或者把不合适的地点替换掉，直到 30 个地点都能够流畅地回忆出来。

第五步，默写出来。按顺序将地点桩的名字写下来，在"世界记忆大师集训营"，选手的默写要求如下：

（1）先写上地点桩在哪里找的，方便以后管理，比如下图中的"小区"。

（2）每个地点前面标注序号，文字要书写清晰。

（3）适当留有空白，方便后期调整。

（4）可以配上路线图，帮助更好地回忆地点，加深地点的空间感。

第六步，拍照摄像。早期找地点时，以文字记录为主，2008年袁文魁开始尝试用拍照摄像来保存，慢慢传承下来，它的好处是在遗忘时方便回看。

不过，也有选手会形成依赖，找地点时拍拍照就走，并没有现场记住，还有很多人拍了大量地点，回去也没有再看过，要用的时候发现很难记住。另外，有些选手在每次要记忆数字之前，

（"世界记忆大师集训营"
尚海珊的地点桩笔记）

都习惯性地看视频，而不是靠大脑回忆地点，这个可能会影响到记忆的效果。

因此，在"世界记忆大师集训营"，胡小玲老师不鼓励大家拍照摄像，而是希望大家在现场百分之百投入，在当下就记住地点，这样用起来才会更好。

如果要拍照摄像的话，袁文魁总结了几点经验：

（1）手机横屏拍摄，选择像素高一点的模式，手尽量要拿稳。

（2）提前预估地点桩要使用的部位，在上方留出三分之二左右的空间，左右也留出一定的空间给以后要记忆的形象。比如下图第

三个地点，快递上方就留出了三分之二的空间。

（3）拍摄地点桩的大小和角度，与自己找地点桩时的大小和角度要一致。有些选手找的时候站在地点的正面，拍的时候就走近去俯拍，不太合适。

（4）拍照时一般是一个地点拍一张，也可以补充拍几个地点在一起的全景图。摄像则要一直连续拍，在每个地点那里停顿3秒，并且说出它的名称。

（5）拍完之后，可以保存在电脑文件夹里。给文件夹取一个标题，比如下图，"父母家"这一文件夹，打开之后共有5组地点，每组30个地点图片，都按照顺序编好了号，方便排序和查找。

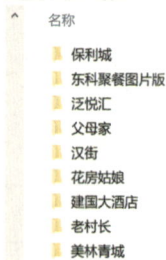

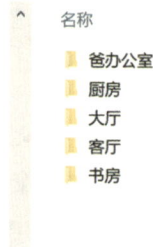

袁文魁为大家提供了几组地点桩的图片和视频，以供参考。在微信公众号"袁文魁"（ID：yuanwenkui1985）回复"袁文魁地点桩"，即可获取。

虽然看别人的视频，记住别人的地点桩，也是可以用来记忆的，但是建议大家还是自己找！自己动手，地点不愁！

三、如何熟悉地点桩

曾经有选手前一天刚找了 90 个地点桩，第二天，他提出疑问："为什么我用这些地点桩记忆数字，效果并不好呢？我还是想用以前的地点桩！"

其实，找完地点只是第一步，还需要熟悉之后再投入使用。熟悉的方式，我们称之为"过地点"或"跳地点"。坐在椅子上，心无杂念，闭上眼睛，在脑海中想象自己回到地点所在的空间，按照找地点桩的路线图，依次匀速地回忆出每一个地点桩的形象。

当然也可以用一些有趣的方法"过地点"，比如"国际记忆大师"吕柯姣老师，会想象有一个美丽调皮的精灵，扇动着翅膀从一个地点飞到下一个地点。有的选手会想象飞机从一个地点快速飞到下一个地点，有的选手想象某个编码对地点依次产生破坏，比如想象 07 锄头依次锄到每一个地点。

刚开始"过地点"时，可能不是那么流畅，还有可能会漏掉或顺序错乱，这时可以看看地点桩的文字、图片或视频版本，接下来继续尝试几次。在"过地点"时，也可以用秒表计时，如果回忆 30 个地点达到 20 秒就可以投入使用了。

刚熟悉的地点，有些选手会先来训练联结（下一章会具体讲解），有些选手会直接记数字、词汇等项目。新地点有时候会有"新手的运气"，会发现记东西时特别清晰。当然，也有人刚开始一两次会用得不习惯，多用就熟了。

四、如何使用地点桩

地点桩在记忆数字、扑克、词汇、抽象图形等项目时都会使用，所以在下一章会有很多案例。这里先提前预热一下，让大家了解地点桩怎么用。

假设我们在这个房间来找地点，标上序号的这 6 个地点，依次是：
1. 毯子 2. 枕头 3. 台灯 4. 浴缸 5. 衣架 6. 半高隔断墙
请看完之后，闭上眼睛回想两遍吧。

接下来，假设我们要记忆 6 个词汇，分别是：

肥皂、手机、椰子、狗、毛巾、西瓜

我们需要将每个词汇按顺序分别与地点桩进行联想，请在脑海中完成，联想时不要看着地点桩图片：

1. 毯子——肥皂：想象肥皂在毯子上揉搓，来清洁毯子上的污渍。

2. 枕头——手机：一个巨大的手机落下来，把枕头砸凹下去了。

3. 台灯——椰子：台灯的灯光射到椰子里，椰子汁都蒸发掉了。

4. 浴缸——狗：浴缸里有一只狗正在泡澡，水花飞溅。

5. 衣架——毛巾：手拿毛巾放在衣架上，放不稳，摇摇欲坠。

6. 半高隔断墙——西瓜：西瓜摔在半高隔断墙上，红色汁液顺着墙往下流。

好了，闭上眼睛，在你的"记忆宫殿"里，去搜索出每一个画面吧，并且将它们的文字版本默写下来。

1. _____ 2. _____ 3. _____ 4. _____ 5. _____ 6. _____

这里我们示范的是一个地点桩记忆一个图像，之后在讲解具体比赛项目时，我们一般是一个地点桩记忆两个图像。当然，如果你想记忆更多，只需要将要记忆的信息编成故事呈现在地点桩上即可。

五、如何保养地点桩

汽车需要定期做保养，地点桩也是如此哦。有些选手地点桩比较少，每天都在重复使用那些地点，记忆的效果会大打折扣。

想要让地点桩使用效果好，我给你以下建议：

1.一天内，同一组地点桩只使用一次，不宜"疲劳驾驶"导致记忆时"翻车"。如果地点桩够多，可以循环使用，能够两三天不重样就挺好了。

2.偶尔将地点"打入冷宫"，给它放一个"冷藏假"。一周之后，再从冷宫请出来。如果有拍图片或者视频，可以重新去观察这些地点，如果能回到找地点的地方，也可以故地重游，去找回和地点"初恋"的感觉。

3.学会清洗地点上的残留图像。有些选手记忆的印象非常深刻，地点上会有很多以前的图像，如何清理掉呢？

就像是清理黑板上的粉笔字一样，第一种方法是长时间不管它，让它自然地变淡甚至消失，但这个耗时比较久。第二种是用粉笔直接在上面涂抹，就看不清楚原来的内容了，也就是直接记忆新的信息来覆盖旧的记忆。我一般会在地点桩上练习大量联结，一个桩子快速联结几组数字，就可以让以前的图像想不起来。第三种是想象地点桩上发了大火或者大水，将这些图像毁掉。

我们一般更多会使用前两种方式，隔一两天用新信息来覆盖地点桩。

4.翻新和替换一些问题地点。有些地点经常会出错，是"事故多发地段"，就需要诊断病因到底在哪儿，从地点的大小、亮度、距离等角度来排查。

地点桩太大，可以聚焦到局部；地点桩太小，可以想象将它放大，或者想象将其替换成大的东西。如果有的地点桩距离近，老是漏掉其中某一个，可以果断舍弃，在合适的位置上再加一个地点。

如果发现这一组地点桩的问题特别多，每次用它记忆时都是错误百出，要是实在"抢救"不过来，或者工程量太大，也可以果断拔了"氧气瓶"，让这组地点永远不再使用。

5. 对你的地点桩表示感谢。地点桩作为舞台，上面每天有过客往来，经常会打打杀杀，地点桩也会"疼"呀！把地点桩当成是有生命的，每次训练完之后，不论结果如何，都闭眼回到地点桩里，想象自己对它们鞠躬，并且真心地说："谢谢你们，谢谢你们帮助我记忆，我爱你们，现在请好好休息吧！"

好啦，地点定桩法非常重要，请再复习巩固一下本节内容，然后去寻找你的第一套地点桩吧！

【更多关于地点桩的细节问题，请在微信公众号"袁文魁"（ID：yuanwenkui1985）里回复"地点桩疑问"，阅读《中国记忆术第一书＜西国记法＞教你找地点的技术》《寻找记忆宫殿（地点桩）最常见的疑问》等文章。】

魔法练习：寻找并记录地点桩

请在你熟悉的地方，找到一组地点桩，并且将它们写在下面。

位置：＿＿＿＿＿＿ 时间：＿＿年＿＿月＿＿日

1. ＿＿＿ 2. ＿＿＿ 3. ＿＿＿ 4. ＿＿＿ 5. ＿＿＿

6. ＿＿＿ 7. ＿＿＿ 8. ＿＿＿ 9. ＿＿＿ 10. ＿＿＿

11. ＿＿＿ 12. ＿＿＿ 13. ＿＿＿ 14. ＿＿＿ 15. ＿＿＿

16. ＿＿＿ 17. ＿＿＿ 18. ＿＿＿ 19. ＿＿＿ 20. ＿＿＿

21. ＿＿＿ 22. ＿＿＿ 23. ＿＿＿ 24. ＿＿＿ 25. ＿＿＿

26. ＿＿＿ 27. ＿＿＿ 28. ＿＿＿ 29. ＿＿＿ 30. ＿＿＿

思维导图章节总结

（世界思维导图精英挑战赛总冠军 李幸涵 绘制）

第三章

比赛训练篇

各位准记忆大师，你们已经掌握了形象记忆法、配对联想法、锁链故事法、地点定桩法，初步具备了去记忆锦标赛"打怪"的"装备"。接下来，我们就要了解一个个关卡的规则，并且获得通关的专用武器啦！

世界记忆锦标赛共有十大项目，我们一般将数字、扑克称为大项目，因为它们是评定记忆大师的项目，4个标准都与它们直接相关。快速数字是快速扑克、随机数字、随机扑克、二进制数字、听记英文数字等项目的基础。有人说："在记忆比赛里，得数字者得天下！"一定要非常重视数字记忆。

本章将介绍八大项目的比赛规则和训练技巧（随机数字和随机扑克的方法与快速数字和快速扑克一样，只是记忆时间不同，不单独讲解）。给你的学习建议是，先尝试将本章内容大致看一遍，对所有比赛项目有一个初步了解。然后，你可以从数字或扑克开始，先专注于一个项目进行练习，达到5分钟200个数字或1分钟记忆1副扑克牌，再考虑加入其他的训练项目。

方法只是起点，想要顺利通关，还在于刻意训练！成为"国际记忆大师"的选手，一般有以下两种训练模式：

一是赛前集训型，利用4～8个月时间，每天训练6小时，从零基础练成记忆大师，这类选手基本上以成年人为主。他们有些辞职了，有些请了长假，有些是自由职业者，一般会选择参加"世界记忆大师集训营"，单独训练的比较少。这种投入的成本非常大，也容易让家人不理解，建议慎重考虑。

二是抽空训练型，一般是学生或无法请假的职场人士。比如陈智强，他在初三时开始参加记忆比赛，每晚训练半小时到一小时，四个月左右就成为少年组中国记忆总冠军和"世界记忆大师"。"文魁大脑国际战队"选手祁澌在银行上班，他利用坐地铁和下班后的时间来训练，半年左右练成了记忆大师。

　　我们一般建议，通过看书或者参加 21 天左右的集中学习和训练后，接下来将记忆训练日常化，通过网络请教老师和参与测试，这种方式更适合大众。

　　愿本章的内容可以为你启蒙，未来你可以选择合适的教练，跟着教练刻意练习，最终捧回属于你的记忆大师证书，开启你的大脑新纪元！

　　（注：本章内容大部分由胡小玲完成，袁文魁进行补充完善，同时邀请焦典、胡家宝两位冠军参与正文的创作，没有特别的说明，"我"均指胡小玲。

　　另外，袁文魁还特别采访了世界记忆冠军王峰、石彬彬、胡家宝、张凌峰、焦典等人，分享他们的训练方法和夺冠经验。感兴趣的读者，可以在微信公众号"袁文魁"（ID：yuanwenkui1985）后台回复"冠军访谈"获取文章。）

第一节
快速数字

一、快速数字比赛规则

目标：在 5 分钟时间内，记忆尽可能多的随机数字并正确回忆起来。

项目	城市赛	中国赛	世界赛
记忆时间	5 分钟	5 分钟	5 分钟
回忆时间	20 分钟	20 分钟	20 分钟
记忆次数	1 次	2 次	2 次

注：有两次机会的比赛，在第 1 轮过后，将会有短暂休息以方便计分，分数将于第 2 轮开始前公布给选手。

记忆部分：

1.计算机随机产生的数字，以每行 40 个排列。

2.问卷中数字的数目为现时世界纪录加上 20%。如果选手觉得不够，可以向组委会申请增加，但必须于比赛前一个月提出要求。

（本节里的世界记忆锦标赛赛事真题由亚太记忆运动理事会授

权，欲获取更多相关资讯，请登录世界记忆锦标赛中文官网 http://www.wmc-china.com.）

快速数字项目问卷一

```
40297827669240074930950656694541168528113 Row 1
04712626378867624684077391623891162425997 Row 2
06262188504557729866682277584088948856 79 Row 3
10989199481623042597257855648328241527 15 Row 4
73462011466138155604044826983484950661 32 Row 5
55590716787108376677111302462423551638 39 Row 6
85189580354313086364414912080311401754 34 Row 7
21053663303461403450165782633320007491 45 Row 8
06126303762604972515604097251560128392 00436 Row 9
70668534213301253148037469809867243664 42 Row 10
10776105178821304761530828065006595732 9 Row 11
39407485437718433233422367314175741368 31 Row 12
28290607684333437964
```

回忆部分:

1. 参赛选手应使用组委会提供的答卷。

2. 参赛选手必须将记忆好的数字以每行 40 个写出来。

计分方法:

1. 完全写满并正确的一行得 40 分，如下图中第 1 行。

2. 完全写满但有一个错处或空格的一行得 20 分，如第 2 行和第 4 行所示。

3. 完全写满但有两个及以上错处或空格的一行得 0 分，如第 3 行所示。

4. 空白行数不会扣分。

5. 对于你写的最后一行，如第 6 行所示，只写了 11 个，这些数字都是正确的，可以得到 11 分。从这一行的第一个数字开始，如果有一个错处或空格，则除以 2，即 11/2=5.5，四舍五入后分数为 6 分。如果有两个及以上的错处或空格，则以 0 分计算。

6. 该项目成绩如有相同的最高得分，则取另外一轮得分较高的一位。如另外一轮的得分也一样，裁判将参考每位选手最佳那轮的额外行数（作答了但得 0 分的行数）。每个正确作答的数字将获得 1 分决定分，决定分较高者胜出。

二、快速数字训练技巧

要想成为"世界记忆大师"，需要 1 小时至少记住 1400 个数字，按照这个水平，5 分钟则至少记住 280 个。截至 2021 年 5 月，世界纪录是 1 小时记忆 4620 个，5 分钟记忆 616 个。

怎样记住这么多数字呢？我们前面讲到了锁链故事法，但是在比赛中，几乎所有选手用的都是地点定桩法，一般 1 个地点桩记忆 4 个数字。想要记得又快又多，我们可以通过以下步骤来练习数字记忆：

（一）熟悉数字编码

熟悉数字编码是数字记忆的第一步，如果在记忆时反应慢、想不起来或者想错了编码，就会严重影响到记忆效果。能够 1 秒反应出 1 个数字编码，代表你对它们比较熟悉了。

我们在比赛时，0 ～ 9 的数字编码一般不用，只需要用 00 ～ 99 这 100 个。我们可以每 20 个为一个单位，分批来熟悉。记熟后可以从 00 想到 99，把没有反应出来或反应慢的数字写在纸上，再来集中强化它们。

有几种类型是较难记住的，一是谐音不太像的，比如 23 和尚、59 蜈蚣，这些用粤语读会更像。二是需要借助常识的，比如 09 是猫，因为它有 9 条命，24 是闹钟，因为 1 天有 24 小时。三是谐音后还需要转化的，比如 17 仪器，具体的形象是酒精灯；57 武器，具体的形象是坦克。

这些难记的编码，理解其产生的方式，单独拿出来多读多想几次，就可以记住了。有些编码实在难以记住，也可以换成你喜欢的，网上有很多编码可供参考。

熟悉数字编码会经历以下阶段：

第一阶段：看到数字反应出编码的文字。

比如看到数字 18，你会先想到"腰包"这两个字，甚至还会在心里发出声音，这是非常正常的阶段。通过大量的训练，"声读"就会减少，对于记忆速度的影响也会变小。

我们可以借助微信公众号"胡小玲最强大脑"进行训练，单击下方菜单"数字扑克"，选择里面的"读数利器"。开始之后，每个

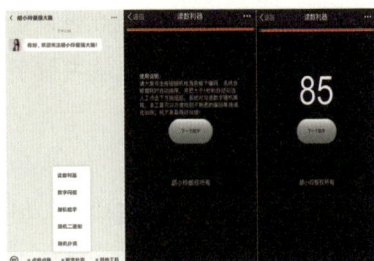

数字呈现出来，你如果在心里想到了对应的文字，可以点击"下一个数字"。软件会记录每一个编码的反应时间，并由慢到快进行排序，还会自动勾选反应时间在 1 秒以上的编码，被勾选的编码可以进行强化训练。

第二阶段：看到数字反应出编码的静态平面图片。

我们可以多拿数字编码图片做第二章"形象记忆法"里提到的"形象再现训练"。此时，看到数字 18，在想到文字"腰包"之后，你会想到"腰包"的形象，可能是编码图片里的腰包，也可能是你熟悉的腰包。大量练习之后，你可能会看到数字直接想到形象，减少了"文字"环节，记忆的速度就会更快一些。

这个练习也可以通过"读数利器"来加速，想到形象之后点击"下一个数字"。平时看到任何数字，也都可以有意识地在脑海中浮现出编码形象。

魔法练习

现在，尝试用以下 10 个编码，来做"形象再现训练"吧！

86 背篓　　28 恶霸：强盗　　03 三脚凳　　48 丝瓜　　25 二胡

34 三丝　　21 鳄鱼　　17 仪器：酒精灯　　06 手枪　　79 气球

第三阶段：看到数字反应出编码的动态立体形象。

这需要多做第二章"形象记忆法"里提到的"形象活化训练"，将静态平面的图片，通过"色、形、动、声、味、感、想"七字真言，变成动态立体的形象，仿佛它就在眼前。

在数字编码的活化训练中，发现编码的特征动作很重要，这个在数字记忆时非常关键，有以下 4 点需要注意：

1. 每个编码最好有独一无二的动作，比如 31 鲨鱼和 21 鳄鱼，如果都是"咬"，就容易混淆，可以一个是用嘴撕咬，另一个是用爪子拍。

2. 动作如果快而有力就更好，比如 56 蜗牛，慢慢地爬，视觉冲击力很有限，可以想象它变成"极速蜗牛"，可以横冲直撞。

3. 有些自己无法动的东西，比如 48 丝瓜、32 扇儿，可以想象有一只手拿着它们在动。有些还可以加特效，比如 68 喇叭，可以想象吹出的声音变成声浪。

4. 动作要是能与其他东西接触的。比如"说话""思考"这些动作，就不太容易接触其他东西。可以尝试变成"打""摸""踢""顶""劈""压""削""拍""喷""钻"等动作。

以下 3 张编码图片，我简单示范一下动作：

69 料酒　　　39 三角尺　　　93 旧伞

69 料酒：可以想象倒出料酒洒出去，或者拿着料酒瓶砸下去。

39 三角尺：可以用尖角去戳，也可以用中空的部分套住东西。

93 旧伞：可以旋转旧伞想象雨滴溅出去，还可以用伞尖去戳东西。

请你尝试一下，借鉴上面的动作，将这 3 个编码做"形象活化训练"吧！

这个练习没有时间、空间的限制，坐车、排队都可以想象编码来训练。即使到了高手阶段，这个训练也可以偶尔做做，让我们重新找回编码的感觉。

（二）读数训练

读数训练是什么呢？并不是把 17、25、67、33 等这些数字读出来，而是看到这个数字，在脑海中快速想出对应的编码形象。专业的训练，我们会通过"随机数字生成表"生成数字训练表来训练，它类似于数字记忆比赛的真题。

在微信公众号"袁文魁"（ID：yuanwenkui1985）后台回复"比赛试题"，获取链接并下载文件后，在里面找到"随机数字生成表"，可以先打印 20 页来训练。每次打开这个文档，数字都会刷新，所以可以无限量生成数字训练表。

```
8 4 3 4 4 2 2 7 8 9 8 8 1 4 7 4 8 3 7 2 0 1 1 4 0 9 6 5 6 4 0 0 4 1 1 2 5 9 5 6   Row1
2 4 7 1 1 0 3 0 0 9 5 7 5 1 2 5 6 3 1 0 0 9 7 0 6 3 6 3 4 0 6 9 6 2 5 9 5 4 7 2   Row2
0 0 9 6 3 8 3 4 9 2 6 1 7 7 8 6 5 7 9 8 4 3 8 9 5 8 3 1 7 4 5 9 4 2 7 8 7 9 5 9   Row3
1 0 6 6 3 4 1 3 5 0 3 1 5 3 3 4 5 9 1 0 0 4 0 7 9 8 4 8 2 0 9 6 5 3 2 1 7 9 0 3   Row4
4 1 7 3 3 5 2 8 5 7 1 5 7 1 8 0 5 8 3 7 7 3 7 9 0 9 5 6 3 8 6 1 8 9 6 6 1 4 1 6   Row5
1 3 4 7 7 8 6 1 8 8 8 5 6 9 3 4 4 1 4 2 0 0 3 7 1 8 3 5 6 6 5 4 4 3 2 5 9 6 3 8   Row6
1 6 0 6 3 1 4 0 3 8 9 4 9 4 7 8 8 1 2 5 1 7 8 9 6 3 3 4 7 6 5 1 6 1 6 6 4 0 7     Row7
8 7 8 5 8 6 8 7 4 2 2 9 6 7 5 7 1 4 7 2 0 0 0 9 6 9 7 5 6 0 3 5 7 8 2 6 5 1 9 6   Row8
0 9 7 9 3 9 4 7 8 9 3 7 5 7 3 5 2 7 7 8 7 1 8 5 6 4 3 8 0 6 3 0 2 8 8 8 7 9 5 5   Row9
0 0 1 9 2 2 6 8 9 1 6 3 3 0 0 3 4 0 8 0 3 8 0 8 7 0 2 5 0 9 0 0 1 2 1 5 8 8 4 7   Row10
```

以这里的第一行为例，最初做读数训练时，我们只反应静态平面图片，看到 84 想到巴士的形象，34 想到三丝的形象，42 想到柿儿的形象，27想到耳机的形象。

当你对编码非常熟悉，且都做过活化训练之后，可以想象出动态立体的形象，编码都发生一下动作，然后再到下一个编码。比如看到89想到芭蕉的形象之后，想象手拿芭蕉用力地拍下去；看到88想到爸爸的形象，然后想象爸爸用双臂在举东西；看到14想到钥匙的形象，想象用钥匙插到锁里旋转。

读数的时候为了防止看错行或看漏数字，刚开始训练时，可以用笔或者手指来作为指引。比如读到84的时候，用笔在84的右下角（位于第1行和第2行之间）停顿一下，接下来移动到34的右下角，以此类推。有些顶尖高手在比赛时依然会用笔或手指来指引，有些选手则不需要指引，只用眼睛来看。

读数训练时，一般要用秒表计时，每次将读数的时间记录下来，然后将前后的时间进行对照，可以看到很详细的成长路径。读数刚开始时，可以以2行为单位进行，读完之后就按下秒表，当自己觉得2行很轻松之后，可以逐渐加到5行、10行、15行，甚至一整页。

如果以5行200个为单位来读数，可以训练到150秒至100秒；以10行500个为单位来读数，可以尝试达到300秒至200秒。最终达到平均40个数字在15秒左右，1000个数字在6分钟以内，这样就可以减少读数训练。

在刚开始练习读数时，发现某些编码卡壳了、反应特别慢或者混淆了，可以用笔或指甲做个记号，然后跳过这个编码，在结束这一组读数训练之后，再看看数字编码表的图片，把卡壳的编码进行强化记忆。

读数训练在初期非常重要，需要大量训练。有些选手会随身带几张数字训练表，见缝插针地进行训练。也有些选手会在微信公众号"胡小玲最强大脑"，通过"随机数字"来进行训练。

（三）联结训练

当我们通过读数对编码很熟悉之后，就可以进入联结训练啦。在实际记忆数字时，一个地点桩涉及两个数字编码，如何记住它们是什么以及谁先谁后呢？我们一般是用第一个编码主动对第二个编码发生动作，并产生相应的结果。

第一个编码称为"主动编码"，第二个编码叫作"被动编码"，想象这个动作发生的过程，就是"联结训练"。比如数字3562，编码是山虎和牛儿，可以想象山虎用牙齿咬住了牛儿的屁股。山虎是"主动编码"，动作是"咬"，牛儿是"被动编码"，结果是什么呢？牛儿的屁股流了血，发出了凄惨的叫声。

这里要注意，"被动编码"被攻击的时候不要还手，如果山虎咬牛儿一口，牛儿踢山虎一脚，互相大战几十回合，可能就分不清楚谁先谁后了。

另外，有的人想象山虎和牛儿在"玩耍"，这样的联结不提倡，因为"玩耍"这个动作无法区分主动和被动，也没有一个结果。同样，"谈话""跑步""爬山""对视"等也不合适。

还有人会编一个故事：有一天下午，山虎来到一个农庄，农庄里有头牛儿，它趁机进入农庄咬了牛儿一口。考虑到比赛的时间有限，我们一般不需要交代时间、地点和来龙去脉，而是直接简单地产生联结。

我通过下面这20个数字来示范一下。

37628513753108564879

（1）3762，编码为山鸡、牛儿，想象山鸡用嘴啄到牛儿的前胸，啄破了一块皮，血流了出来。

（2）8513，编码为宝物和医生，想象宝物从天而降，砸到了医生的头上，医生头上肿起来一个个包。

（3）7531，编码是舞者和鲨鱼，想象舞者一脚踹到鲨鱼的尾巴，把鲨鱼踢飞了。

（4）0856，编码是溜冰鞋和蜗牛，想象溜冰鞋从蜗牛的壳上滑过，将蜗牛的壳碾碎了。

（5）4879，编码是丝瓜和气球，想象丝瓜像棍子一样敲打气球，气球破了一个洞，缩成一团。

联结的时候，在脑海中一定要有清晰的图像，能够看到"主动编码"对"被动编码"发生作用的具体位置。一般情况下，比较激烈的动作效果更好，但有些人可能会不忍下手，比如3538，要想象山虎咬伤了妇女，会有一些血腥。我们可以想象，山虎咬住了妇女手上的锅铲，这样就容易接受了。

有时候在联结时，两个编码的实际大小差距很大，比如0784，编码是锄头和巴士，锄头很小，巴士很大，怎么锄都感觉别扭。第一种方式是用锄头锄巴士的局部，比如玻璃窗或车灯等。第二种方式是将巴士缩小，想象它是一辆儿童玩具巴士，这样就容易下手了。

还有些编码，可能按原来的角度不好联结，也可以换个不同的角度。比如0780，编码是锄头和巴黎铁塔，从上往下锄的时候，塔尖的受力点很小，这时可以想象把铁塔横放或者斜放，就能够更好地锄到铁塔。

　　在大量联结训练之后，一般"主动编码"的动作会相对固定，这样就不用每次都去思考用什么动作。比如最初看到 14 钥匙，可能会用尖头去插、用锯齿锯、像飞镖一样扎等动作，后面觉得某一种动作好用，就会固定下来。不论遇到什么编码，都会用这个动作，比如 1446，想象钥匙插到饲料袋上，袋子里的饲料撒出来；1432，想象钥匙插到扇儿中间，把扇儿扎破了一个洞。当然，遇到某个编码，感觉实在是不容易用"插"这个动作，也可以临时更换成其他的动作。

　　那"被动编码"要不要固定一个被作用的部位呢？不一定。"主动编码"发生动作时，一般是从上往下或从左往右。比如同样是 62 作为"被动编码"，37 山鸡我习惯是从左往右啄，啄到前胸或头部比较合理，14 钥匙我习惯从上往下插，插到背部或头顶比较合理。所以，我们可以根据情况来灵活处理，当然如果能作用在编码最突出的特征部位会更好，比如山鹿的鹿角、医生的注射器等。

　　正式的联结训练，也需要用到数字训练表，初学者适合的练习方式有两种：

　　（1）快速联结训练

　　快速联结训练需要计时，尽可能快地联结完一定量的数字，每看到 4 个数字，迅速在脑海中完成联结，想到对应的动态画面，然后开始下 4 个数字。

　　可参考的联结目标如下：

　　第一阶段：以 80 个数字为单位，使联结的时间达到 3 分钟以内；

　　第二阶段：以 200 个数字为单位，使联结的时间达到 4 分钟以内；

　　第三阶段：以 500 个数字为单位，争取达到 6 分钟以内；

第四阶段：以 1000 个数字为单位，达到 10 分钟以内。

在训练的时候，如果出现以下情况：有些编码不知道怎样与另外的编码进行联结，或者联结的速度比较慢，联结的感觉比较别扭，或者容易和其他编码混淆。那么我们可以在结束之后，单独来思考这些联结怎样会更好，也可以和训练的小伙伴一起讨论，但不要迷信高手的联结，盲目照搬哦。有些选手还会将联结的方式用简笔画画出来，加深记忆。

两个编码相遇的组合有一万种，俗话说："一回生，二回熟。"当我们大量练习快速联结时，有些编码相遇的可能性就会增加，第一次要想半天，第二次就快一些，第三次就更快，如果是几十次呢，就会"秒联"，就像用数码相机拍照一样，按一下快门就瞬间出现图片。记忆冠军的速度之所以快，就靠"秒联"！

（2）慢速联结训练

慢速联结不是为了追求速度，而是优先考虑联结的质量，以研究和探索的心态来进行联结。在快速联结时，发现联结不顺畅，可以做慢速联结来优化。慢速联结时，可以通过思维发散，想象出多种联结方式，然后将比较有创意而又符合要求的记录下来。

比如 6923，编码是料酒、和尚，可以想象料酒泼到了和尚的头上，顺着头皮流淌下来；可以想象用料酒瓶子敲和尚的头，头肿起一个包；可以想象料酒瓶子像擀面杖一样去擀和尚的头，头被擀得生疼，头皮起了褶子。这里面感觉比较有意思的，以后在快速联结和记忆时就可以用。

慢速联结可以随时随地进行，在脑海中随机想到两个编码，就可以来进行训练。也可以按照一定的顺序，比如 01 依次和 01 ～ 99 每个编码来联结。选手们在训练时，也会用"一万联"来练习，里面将编码的一万种组合全部列出来了，可以按照顺序来做联结，保证没有漏网之鱼。

【"文魁大脑国际战队"将比赛试题都打印成册，里面也包含了"一万联"，需要的可以在微信公众号"袁文魁"（ID: yuanwenkui1985）回复"训练手册"，获取购买方式。】

　　联结的方式在进入专业训练阶段之后，还有在地点桩上进行的联结，主要作用是熟悉新地点，或者清理地点上的残像。另外还有长时联结，因为世界赛随机数字和扑克的记忆时间是 1 小时，我们将联结时间拉长到 20 分钟、30 分钟甚至 1 小时，可以让我们更好地适应长时项目。

　　初学者在联结上面需要多花时间，如果每天有一小时的训练时间，至少要有半个小时花在读数或联结上。如果时间比较充裕，建议专门花一个星期的时间，每天练习 2～3 小时联结，把基本功打扎实，再进行记忆训练的时候，可以更快地达到一个较高的水平。

　　随着我们记忆数字的水平越来越高，每天练习联结的时间就会越来越少。如果 5 分钟能记 120 个数字，每天练习 10～20 分钟联结就够了。如果 5 分钟可以记住 240 个数字了，就可以只联结几行数字热热身。当然，也有一些选手慢慢就不练习联结了。

　　在这里也做一个提醒，有一些选手会沉迷于联结，因为害怕出错不敢练记忆。要知道，联结可以促进记忆，但它只是演习，再真实的演习，也比不上真刀实枪地上战场。

（四）记忆训练

　　接下来，我们进入正式的记忆训练，需要用地点桩将数字记住，并且能够默写出来。快速数字比赛时，我们一般是 5 分钟时间记忆，在平时训练时，我们一般是定好要记忆的数量以及遍数，记忆完毕后就按下秒表，并且记录好时间。

初学者可以从 20 个数字开始，最开始练习的十几组，如果信心不够，可以尝试看一遍之后再复习一遍。我们对选手的要求比较高，会要求大家练习"一遍过"，也就是只看一遍就尝试默写。厉害的选手可以练到 200 多个数字"一遍过"，一般选手达到 120 个数字"一遍过"就可以了。在 5 分钟记忆比赛时，比赛选手看两遍的居多，包括保持该项目世界纪录的选手，有少量初级选手会看三遍甚至更多。

我们接下来看看记忆训练的一般步骤：

第一步，准备好工具和状态。找到一个安静的环境，将训练要用到的数字训练表、答题纸、秒表、笔、笔记本等工具准备好，同时将手机调至静音状态。接下来，闭上眼睛做几次深呼吸，让自己的心安静下来。如果有很多杂念，请将它们都写下来，找专门的时间去处理，此刻，全身心地投入记忆训练里。

第二步，回忆需要用的地点桩。闭上眼睛，确定你想用哪组地点桩，然后在脑海中按顺序回忆，仿佛你在那个空间里旅行一样。你要记忆 20 个数字，需要 5 个地点桩，请将以下 5 个地点桩记住，并在脑海中回忆 2 ～ 3 遍。

【在微信公众号"袁文魁"（ID：yuanwenkui1985）回复"地点桩 5"，可以查看地点桩视频版，我们在大脑中回忆时，更接近视频版的效果。】

　　第三步，正式记忆数字。我们在记忆比赛时，裁判会有一些口令，比如"1分钟准备时间现在开始"，这个时候可以调整状态和回想地点桩。接下来裁判说："10秒钟。"我们可以将倒扣的试题拿到身边，但不能翻开。当裁判说："脑细胞准备，开始。"我们才可以翻开试题进行记忆。

　　我们在平时训练时，可以自己在心里默念："10秒钟""脑细胞准备，开始"，然后翻开试题进行记忆。

　　假设你要记忆的数字是以下20个：

79245427838005873743

　　最初练习记忆时，如果读数和联结练得不多，可能会是一个较慢的过程。我们会先想到第一个地点桩：被子，然后在看到数字7924后，分别在地点桩上呈现出气球和闹钟的形象，然后思考气球和闹钟如何联结，联结之后又会对地点桩产生怎样的影响。随着我们大量训练，这个过程可以不到1秒就完成。

　　下面，我们就通过图片来示范一下，这20个数字是怎么来记忆的。

　　（1）7924

79气球　　　24闹钟　　　　地点桩

　　编码：79气球、24闹钟。

　　地点桩：被子。

记忆：气球空投下来一个巨大的闹钟，插进了被子里面，被子被闹钟的脚插破了两个洞。

7924

（2）5427

54 巫师　　　　　27 耳机　　　　　　　　地点桩

编码：54 巫师、27 耳机。

地点桩：空气净化器。

记忆：巫师站在空气净化器上，将水晶球砸向了耳机，耳机倒下来，在空气净化器上发出"哐当"的响声。

5427

（3）8380

83 芭蕉扇　　　　80 巴黎铁塔　　　　地点桩

编码：83 芭蕉扇、80 巴黎铁塔。

地点桩：床头柜上的香熏机。

记忆：手拿芭蕉扇用力地扇向巴黎铁塔，铁塔倒向香熏机，把香熏机压坏了。

8380

（4）0587

05 手套　　　　87 白旗　　　　地点桩

编码：05 手套、87 白旗。

地点桩：床头。

记忆：两只手套鼓掌拍到白旗的旗杆上，发出巨大的响声，旗杆是插在床头上的，它的晃动带动了床头的晃动。

0587

（5）3743

37 山鸡

43 石山

地点桩

编码：37 山鸡、43 石山。

地点桩：枕头。

记忆：在枕头上，山鸡用嘴巴在啄石山上的土，土落下来铺满了枕头。

3743

104

好了，记忆大师就是这样记住这 20 个数字的。在记忆时，不要怀疑自己是否记住了，告诉自己："只要我看到了，我就记住了。"然后继续往后面记，随着不断训练，速度会越来越快，顶尖高手可以 1 秒记完 2 个地点。

之前有学员问："除了这样记忆，数字还有其他方式吗？"

当然，有个别选手会先想象第一个编码在地点上，第二个编码对第一个编码发生动作，如果统一用这种方式，也是可行的。有一些年龄小的选手，一个地点只记忆 1 个编码。还有一些选手，一个地点记忆 3 个编码甚至更多。还有的选手采用的是三位数编码，也就是 000 ~ 999 有 1000 个编码。

我建议，大家可以按照常规的方法来训练，既然用这种方式能够保持世界纪录，就有它的科学性，而且也比较容易上手，请不要在换方法上耽误时间。

第四步，回忆并默写答案。记忆完毕之后，有的选手会闭上眼睛，依次回忆每一个地点桩上的图像，然后再睁开眼睛，在答题纸上写出来。也有些选手，会跳过回忆，直接默写。

默写时，有想不起来的，可以先写后面的，然后回头再来想。实在想不起来的，可以尝试从 00 ~ 99 依次想一遍，看看可否推理出来。

第五步，核对答案并总结。核对答案后，将正确的答案用红笔写出来，然后计算出自己的分数。如果是平时训练，我一般不按照比赛的要求评分，而是对一个空格就得 1 分，看看自己对了多少分，这样可以更客观地看到自己的成绩。

不论自己结果如何，不要否定和怀疑自己，正确了要及时鼓励自己并总结经验，失误了我会告诉自己："太棒了，又是一次找到不足、提升自己的机会。"

然后，我会在训练本上记录下训练的成绩、正确率、错误的地方，同时要写下总结的内容，因为"失败不是成功之母，总结才是成功之母"。

总结可以分为心法和技法两个层面，心法即训练时的心理状态怎么样，是不是过度紧张、有没有走神、节奏有没有打乱等。这些需要通过大量模拟训练来调整，也可以通过静心冥想来辅助改善。

技法则要从编码、联结、地点三个方面去总结。

如果是编码不熟或反应慢，就需要巩固编码，多做"形象活化训练"；如果是编码与其他的编码经常混淆，可以考虑调整编码形象或者动作；如果是地点桩上只出现了一个编码，可能是编码之间联结不够紧密，想想如何更好地联结。

如果地点上出现空白，就要想想怎样和地点联系得更紧密；如果某个地点经常出错，或漏掉了这个地点，就需要去调整一下这个地点。总结完之后，还可以写下鼓励自己的话。

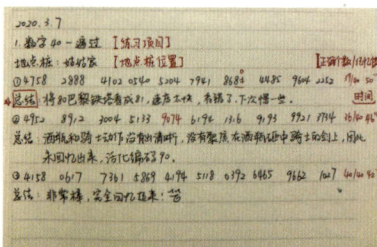

（"世界记忆大师集训营"选手的总结）

（五）进阶训练

如何进阶训练达到更高的水平？袁文魁老师分享了他的经验：

我们可以先从 20 个数字开始，练习到平均在 30 秒记完，然后可以尝试增加到 40 个。40 个练习到平均 1 分钟记完，再增加到

80 个。之后，我一般是每次增加 40 个数字，变成 120 个、160 个、200 个、240 个、280 个、320 个。

我在练习到 200 个时，发现看两遍需要 5 分钟多，于是通过大量训练，将时间压缩到 4 分 30 秒左右。稳定之后，我就会增加到 240 个，这时又是 5 分钟多，然后我再次通过训练压缩到 4 分 30 秒左右。

我平时以定量训练为主，很少练习 5 分钟，在比赛前一两个月，隔几天会测试两轮 5 分钟快速数字。这时，我如果水平是 240 个需要 5 分多钟，我就会选择只记忆 200 个，记忆完如果还有多余的时间，一是可以再快速复习一遍，二是可以往后面抢记一些数字。如果第一轮全对了，第二轮可以适当增加记忆量。

在比赛时还有随机数字项目，有 15 分钟数字、30 分钟数字、1 小时数字三种赛制，记忆的方法都是一样的，只是需要更多的地点，并且要安排好复习的策略。三种赛制的记忆时间和回忆时间如下：

项目	城市赛	中国赛	世界赛
记忆时间	15 分钟	30 分钟	60 分钟
回忆时间	35 分钟	60 分钟	150 分钟

地点桩我分享一个策略，尽量 2～4 组地点是连续的，编成一个大组。比如我的大组包括我的家、我姥姥家、我奶奶家、学校宿舍等，都至少有 4 组地点。

复习策略，我重点分享 1 小时数字的策略，我们称它为"马拉松数字"。想要 1 小时记对 1400 个数字，比赛时至少要记住 14 组地点，也就是 1680 个数字。如果比赛只看三遍的话，可以每两组地点看完一遍后，马上将它复习一次，边看数字边回想图像。所有都看完两遍之后，再来一次总复习，如果有多的时间，还可以重点复习某些地点。

我在训练过几次马拉松之后，调整为看完 4 组再复习一次，再后来是看完 8 组复习一次。至于比赛时多少组地点看完再复习，这个需要自己根据情况来探索。如果复习时感觉前面都想不起来了，可能是复习的间隔时间长了一点。

在记忆时，第一遍可以稍慢一点，就像跑马拉松，不要用百米赛跑的速度。第一遍记得很清晰，复习时就会很轻松，看着数字去强化图像，有时候地点桩上的图像会一个个蹦出来，这说明记忆效果很好。第三遍记忆时，可以边回忆地点边看数字，像对答案一样，发现有不清晰的立即加强联结，也可以用铅笔在数字上做好记号，后面有时间可以复习。有些选手会看第四遍，此时可以快速在脑海中回想，想不起来再看答案，或者重点扫描一下刚才做记号的，有些选手也会选择继续往后面抢记一些数字。

很多选手会恐惧马拉松数字，我们可以从 15 分钟开始慢慢增加到 30 分钟，再到 1 小时。平时也可以做 1 小时联结，让自己的大脑适应长时状态。马拉松数字不需要经常训练，比赛前 1 ～ 2 个月，每周训练 1 次即可。有部分选手，比赛前只练过三次左右就打破了世界纪录，这是因为快速数字的基本功很扎实！

下面是数字记忆的一些官方标准和纪录，供大家参考：

级别	成绩
认证记忆大师 4 级	5 分钟 20 个 15 分钟 80 个
认证记忆大师 5 级	5 分钟 30 个 15 分钟 100 个
认证记忆大师 6 级	5 分钟 40 个 15 分钟 120 个

级别	成绩
认证记忆大师 7 级	5 分钟 50 个 15 分钟 140 个
认证记忆大师 8 级	5 分钟 60 个 15 分钟 160 个
认证记忆大师 9 级	5 分钟 80 个 15 分钟 180 个
认证记忆大师 10 级	5 分钟 100 个 15 分钟 200 个
国际记忆大师	1 小时 1400 个
世界记忆纪录	5 分钟 616 个 15 分钟 1168 个 30 分钟 1844 个 1 小时 4620 个

第二节
快速扑克

一、快速扑克比赛规则

目标：尽量以最短的时间记忆一副 52 张的扑克牌。

项目	城市赛	中国赛	世界赛
记忆时间	≤ 5 分钟	≤ 5 分钟	≤ 5 分钟
回忆时间	5 分钟	5 分钟	5 分钟

注：比赛都有两轮机会，每次的牌随机洗乱，成绩取优秀的那一轮。

记忆部分：

1.选手使用自备的四副扑克牌（组委会另有指定的除外），选手必须保证每副牌为 52 张，除去大小王。用于记忆的两副要提前打乱，另外两副用于回忆摆牌的，可以按照选手喜欢的顺序排列好。

2.扑克牌必须要用盒子装好，贴上标签，并用橡皮圈绑好。每张标签上都应包括选手姓名、第几轮、是记忆用还是回忆用的扑克牌。比如某某某，第一轮，记忆；某某某，第一轮，回忆。同时也要写上比赛的 ID 号码。

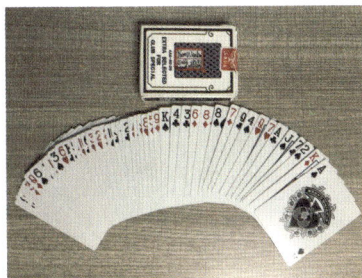

（袁文魁记忆扑克第一轮，ID：666）　　（袁文魁回忆扑克第一轮，ID：666）

3. 四副扑克牌要用结实的袋子装好，在赛场报到处交给裁判保管。袋子上也要贴上标签，写上姓名、电话。

4. 对于能在 5 分钟内记下一副完整扑克牌的选手，必须自备组委会认可品牌的魔方计时器（推荐使用如下图的史塔克 3 代或 4 代）。同时，组委会会安排一个裁判员检查计时器，监督选手整个快速扑克的记忆和回忆过程。

注意：选手需要在开始记忆前和监督裁判员确定以下几点：

（1）选手必须告知裁判从哪一张扑克开始记忆，从正面开始还是从底面开始。一旦确定，不可在对牌的时候改变。

（2）选手必须事先告知裁判一个适当的信号以代表其完成记忆。例如，将手中的扑克牌扣在桌面上，即代表记忆停止。当然，在选手每人都有魔方计时器的情况下，记忆何时结束由选手控制，裁判在旁边起到监督和协助计时的作用。

5. 选手可于 5 分钟内的任何时候开始记忆。例如，当主裁判喊"开始"后，选手可以不用马上开始记忆。但是，当主裁判喊"停止"时，所有选手必须停止，双手快速但要轻盈地停止魔方计时器。

6. 扑克牌可以多次记忆。但要注意，当选手记忆结束并已经停止了魔方计时器后又重新拿起扑克牌记忆，那么，他的记忆时间统一为 5 分钟。

7. 扑克牌必须在裁判视野范围内，手必须高于桌子，不能放在大腿上记忆。

8. 在主裁判喊"开始"前的 10 秒内，选手才可以抓住扑克牌并准备好计时动作。

9. 选手如果在记忆的过程中擅自调整裁判之前洗好的扑克牌的顺序，属于违规行为，该轮成绩做 0 分处理。

10. 裁判未宣布 5 分钟记忆时间结束，选手绝不能拿起回忆扑克来摆牌。

回忆部分：

1. 记忆完成后，裁判把选手回忆的扑克牌放在选手面前（为了使摆牌更加迅速，所摆的牌在提交时，可以按下图中的顺序排好）。只有当主裁判喊"开始"后，选手才可以回忆摆牌。

2. 选手需将第二副扑克牌排列成刚才记忆的扑克牌的顺序。

3.当 5 分钟回忆时间到，选手必须停止摆牌。

（本节里的世界记忆锦标赛®赛事真题由亚太记忆运动理事会授权，欲获取更多相关资讯，请登录世界记忆锦标赛®中文官网 http://www.wmc-china.com.）

计分方法：

1.裁判会按照和选手在记忆之前约定的顺序，从选手记忆的第一张开始对牌。两副扑克牌逐张比较，当出现错误时，对牌停止。裁判在计分纸上记录选手正确的牌数，后面的扑克牌均不计入成绩。

2.在最短的时间内准确记下 52 张扑克牌的选手为冠军。

3.如果选手正确的扑克牌数少于 52 张，其记忆时间统一记录为 5 分钟，即 300 秒，而所得分数为 $c/52$ 分，当中 c 是正确回忆的扑克牌数目。

4.选手最终成绩为两轮中的最佳成绩。

5.如出现相同分数，另一轮得分较高者获胜。

快速扑克牌计分纸

注意：除了选手姓名、ID 号和选手签名外，其他内容必须由

113

裁判填写，否则视为选手违规，成绩作废。裁判填好后，首先让选手确定成绩并签名。裁判应该把计分纸一直拿在手中，交给指定人员，不得放在桌上或者交给选手。

二、随机扑克比赛规则

目标：尽量记忆和回忆多副扑克牌的顺序。

项目	城市赛	中国赛	世界赛
记忆时间	10 分钟	30 分钟	60 分钟
回忆时间	30 分钟	60 分钟	150 分钟

记忆部分：

1. 选手可使用自备的扑克牌（组委会另有指定的除外），选手必须保证每副牌为 52 张，除去大小王，并且提前打乱顺序。

2. 扑克牌必须用盒子装好，贴上标签，并用橡皮圈绑好。每张标签上都应包括选手姓名和扑克牌记忆的序号，比如某某某第 1 副、某某某第 2 副等。

3. 所有扑克牌用结实的袋子装好，在赛场报到处交给裁判保管。袋子上也要贴上标签，写上姓名、电话。

回忆部分：

1. 答卷上每页可写两副扑克牌，如下图所示。

2. 参赛选手必须在答卷上清楚标示所写的牌是第几副。

3. 参赛选手必须在不同花色的表格中，按照之前记忆的顺序，清晰地写上每张牌的数字和字母即可（A、2、3、J、Q、K）。

4. 注意，有些选手习惯把 A、J、Q、K 写成 1、11、12、13。对此情况，裁判可以算其正确，但还是建议统一按照国际习惯。

World Memory Championships
Cards Recall

Name : _____　WMSC ID : _____

Write the number or letter A(ce), J(ack), Q(ueen), K(ing)

Deck #

♠A	1	♠	♥	♣	♦
♠2	2	♠	♥	♣	♦
♠3	3	♠	♥	♣	♦
♠4	4	♠	♥	♣	♦
♠5	5	♠	♥	♣	♦
♠6	6	♠	♥	♣	♦
♠7	7	♠	♥	♣	♦
♠8	8	♠	♥	♣	♦
♠9	9	♠	♥	♣	♦
♠10	10	♠	♥	♣	♦
♠J	11	♠	♥	♣	♦
♠Q	12	♠	♥	♣	♦
♠K	13	♠	♥	♣	♦
♥A	14	♠	♥	♣	♦
♥2	15	♠	♥	♣	♦
♥3	16	♠	♥	♣	♦
♥4	17	♠	♥	♣	♦
♥5	18	♠	♥	♣	♦
♥6	19	♠	♥	♣	♦
♥7	20	♠	♥	♣	♦
♥8	21	♠	♥	♣	♦
♥9	22	♠	♥	♣	♦
♥10	23	♠	♥	♣	♦
♥J	24	♠	♥	♣	♦
♥Q	25	♠	♥	♣	♦
♥K	26	♠	♥	♣	♦
♣A	27	♠	♥	♣	♦
♣2	28	♠	♥	♣	♦
♣3	29	♠	♥	♣	♦
♣4	30	♠	♥	♣	♦
♣5	31	♠	♥	♣	♦
♣6	32	♠	♥	♣	♦
♣7	33	♠	♥	♣	♦
♣8	34	♠	♥	♣	♦
♣9	35	♠	♥	♣	♦
♣10	36	♠	♥	♣	♦
♣J	37	♠	♥	♣	♦
♣Q	38	♠	♥	♣	♦
♣K	39	♠	♥	♣	♦
♦A	40	♠	♥	♣	♦
♦2	41	♠	♥	♣	♦
♦3	42	♠	♥	♣	♦
♦4	43	♠	♥	♣	♦
♦5	44	♠	♥	♣	♦
♦6	45	♠	♥	♣	♦
♦7	46	♠	♥	♣	♦
♦8	47	♠	♥	♣	♦
♦9	48	♠	♥	♣	♦
♦10	49	♠	♥	♣	♦
♦J	50	♠	♥	♣	♦
♦Q	51	♠	♥	♣	♦
♦K	52	♠	♥	♣	♦

Deck #

♠A	1	♠	♥	♣	♦
♠2	2	♠	♥	♣	♦
♠3	3	♠	♥	♣	♦
♠4	4	♠	♥	♣	♦
♠5	5	♠	♥	♣	♦
♠6	6	♠	♥	♣	♦
♠7	7	♠	♥	♣	♦
♠8	8	♠	♥	♣	♦
♠9	9	♠	♥	♣	♦
♠10	10	♠	♥	♣	♦
♠J	11	♠	♥	♣	♦
♠Q	12	♠	♥	♣	♦
♠K	13	♠	♥	♣	♦
♥A	14	♠	♥	♣	♦
♥2	15	♠	♥	♣	♦
♥3	16	♠	♥	♣	♦
♥4	17	♠	♥	♣	♦
♥5	18	♠	♥	♣	♦
♥6	19	♠	♥	♣	♦
♥7	20	♠	♥	♣	♦
♥8	21	♠	♥	♣	♦
♥9	22	♠	♥	♣	♦
♥10	23	♠	♥	♣	♦
♥J	24	♠	♥	♣	♦
♥Q	25	♠	♥	♣	♦
♥K	26	♠	♥	♣	♦
♣A	27	♠	♥	♣	♦
♣2	28	♠	♥	♣	♦
♣3	29	♠	♥	♣	♦
♣4	30	♠	♥	♣	♦
♣5	31	♠	♥	♣	♦
♣6	32	♠	♥	♣	♦
♣7	33	♠	♥	♣	♦
♣8	34	♠	♥	♣	♦
♣9	35	♠	♥	♣	♦
♣10	36	♠	♥	♣	♦
♣J	37	♠	♥	♣	♦
♣Q	38	♠	♥	♣	♦
♣K	39	♠	♥	♣	♦
♦A	40	♠	♥	♣	♦
♦2	41	♠	♥	♣	♦
♦3	42	♠	♥	♣	♦
♦4	43	♠	♥	♣	♦
♦5	44	♠	♥	♣	♦
♦6	45	♠	♥	♣	♦
♦7	46	♠	♥	♣	♦
♦8	47	♠	♥	♣	♦
♦9	48	♠	♥	♣	♦
♦10	49	♠	♥	♣	♦
♦J	50	♠	♥	♣	♦
♦Q	51	♠	♥	♣	♦
♦K	52	♠	♥	♣	♦

计分方法：

1. 每副完整并正确回忆的扑克牌得 52 分。

2. 如有一个错处（包括空格）得 26 分。

3. 两个或以上的错处（包括空格）得 0 分。

4. 两张次序调换的牌当作两个错处。

5. 即使没有回忆全部的扑克牌也不会倒扣分。

6. 关于你写的最后一副扑克牌：如果最后一副没有写完，如只写了前面 38 张，且全部正确，则得 38 分。如果有一个错处，其得分为正确扑克牌数目的一半，如出现小数点则四舍五入。例如，作答了 29 张扑克牌但有一个错处，29/2=14.5，四舍五入为 15 分。如果有两个或以上的错处得 0 分。

7. 如出现相同分数，将比较选手已经记忆并且写出来却没有得分的扑克牌。每正确一张扑克牌得 1 分，分数较高者胜。

三、快速扑克训练技巧

看过《最强大脑》的人可能知道，王峰曾用 19.8 秒便记住了一副顺序打乱的扑克牌，而这个项目目前的世界纪录是中国选手邹璐建保持的 13.96 秒。

要想成为"国际记忆大师"，必须 40 秒内记住一副扑克牌，1 小时正确记忆 14 副扑克牌，它是记忆大师四项标准中的两项，所以扑克对比赛来说很重要。

其实，记忆扑克的方法和记忆数字是完全一样的。数字基础打好了，扑克也会很快上手。如果想通过视频学习，可在微信公众号"袁文魁"（ID：yuanwenkui1985）回复"PK"，即可获得袁文魁录制的视频。

请至少准备两副扑克，不要选择中间有风景或广告的扑克，也不要用花色或材质很特殊的扑克。还要注意不要选择有异味、摸起来很粗糙的扑克，这些可能是山寨版的。我们推荐用姚记、3A、宾王等品牌的扑克。

扑克记忆首先需要将扑克转化成数字编码。比赛时不需要大小王，所以只有数字牌和人物牌，一共有52张。我们先对花色进行编码，黑桃上面是一个尖的，代表1；红桃上面是两边对称，代表2；梅花则是有三瓣，代表3；方块是有四个角，代表4。

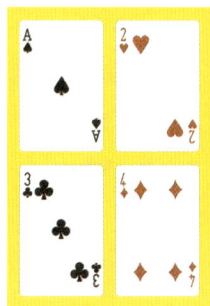

接下来，将花色和数字配对，花色作为十位数，数字作为个位数，比如黑桃A就是11，黑桃2就是12，黑桃10就是10，以此类推。

人物牌怎么办呢？可以把J、Q、K分别定义成5、6、7，它们作为十位数，花色作为个位数，所以J的黑桃、红桃、梅花、方片分别是51、52、53、54，Q分别是61、62、63、64，K分别是71、72、73、74。所有的扑克牌都变成数字，就可以直接用数字编码啦，请参考扑克牌编码图片。

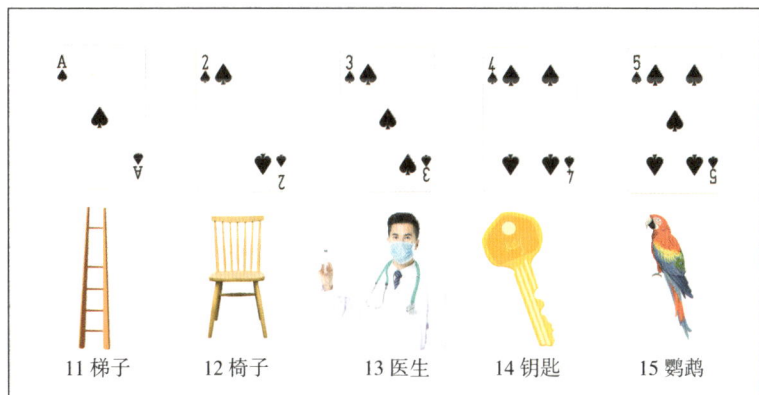

| 11 梯子 | 12 椅子 | 13 医生 | 14 钥匙 | 15 鹦鹉 |

117

16 石榴	17 仪器：酒精灯	18 腰包	19 衣钩	20 棒球

21 鳄鱼	22 双胞胎	23 和尚	24 闹钟	25 二胡

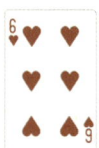    

26 河流	27 耳机	28 恶霸：强盗	29 恶囚	20 按铃

31 鲨鱼	32 扇儿	33 闪闪红星	34（凉拌）三丝	35 山虎

36 山鹿	37 山鸡	38 妇女	39 三角尺	30 三轮车

41 蜥蜴	42 柿儿	43 石山	44 蛇	45 师父：唐僧

46 饲料　47 司机　48 丝瓜　49 湿狗　40 司令

51 工人　52 鼓儿　53 武松　54 巫师

61 儿童　62 牛儿　63 流沙：沙漏　64 螺丝

| 71 机翼：飞机 | 72 企鹅 | 73 花旗参 | 74 骑士 |

扑克和数字编码我们都做成了扑克，变成了训练套装叫作"记忆魔盒"，可在微信公众号"袁文魁"（ID：yuanwenkui1985）回复"记忆魔盒"，获得购买链接。

编码之后，和训练数字一样，我们要进行以下训练：

（一）熟悉编码

最开始练习时，我先是练习看到牌的左上角就快速说出对应的数字，比如方块 4 就是 44、黑桃 3 就是 13，一两个小时很熟悉了，就可以不用再训练了。

接下来练习看到扑克反应编码，比如黑桃 5 就是鹦鹉。刚开始，反应过程会先想到对应的数字 15，再想到 15 对应的编码文字"鹦鹉"，最后再想到"鹦鹉"的形象，大量练习之后，便可以看到扑克牌左上角就直接想到编码形象。

（二）练习读牌

读牌的原理和读数一样，读数练习的水平，也会影响读牌的水平。我们一般左手拿扑克牌，左手的大拇指依次把牌推到右手，每推一张就想到编码形象，直到所有的牌推完为止。推的时候幅度不要太大，只要保证看到牌的左上角即可。读牌要用秒表记录时间，当可以 40 秒左右读完时，就可以进行下一步练习。当可以 20 秒读完时，就不用再练习读牌了。

（三）练习联结

练习联结时，有的选手是一张一张地推牌，有的选手习惯两张牌一起推，推过去的时候完成联结。一般来说，我们是右边的那张主动作用于左边的那张，以图片中的 10 张扑克为例。

扑克牌	编码	联结	画面
方块 J 黑桃 6	54 巫师 16 石榴	巫师手拿水晶球，砸破了石榴，石榴籽都出来了。	
黑桃 A 方块 8	11 梯子 48 丝瓜	双手拿起梯子，压到了丝瓜上，压中的部位被压瘪了。	
梅花 3 方块 9	33 星星 49 湿狗	星星落下来，尖头部位扎中了湿狗的身体，湿狗发出了尖叫。	

扑克牌	编码	联结	画面
梅花 K 方块 4	73 花 旗参 44 蛇	花旗参用根须像扫帚一样扫蛇的头部，蛇感觉到非常痒。	
梅花 8 红桃 K	38 妇女 72 企鹅	妇女把炒菜的锅拍到了企鹅头上，企鹅晕头转向。	

联结训练到 40 ～ 60 秒，再开始进行记忆训练会更好一些，当联结可以在 20 多秒完成时，就可以不再训练了。也有少数记忆大师是不做联结训练的，比如邹璐建。

（四）练习记忆

记忆扑克牌也要用地点桩，大部分选手是两张牌放一个地点，所以一整副牌需要 26 个地点。有些选手会为扑克牌单独找地点，也有些选手是用 30 个一组的地点，其中后面 4 个地点不用。

平时训练时，一般不需要耗时间摆牌，可以尝试写出答案，或者闭眼回想。所以训练工具包括一副扑克、纸笔、秒表或魔方计时器。

初学者可以从 10 张开始记忆，训练之前，先随机挑出 10 张扑克，洗乱之后将牌翻过来放在桌子上或牌盒上。

接下来，调整自己的状态，回忆需要用到的 5 个地点桩，自己在心里喊口令"10 秒"，此时可以左手拿起扑克牌，右手放在秒表上，或者双手一起放在魔方计时器上。

喊口令"脑细胞准备，开始"时，可以按下秒表或双手离开魔方计时器，开始进行记忆。记忆完毕之后，放下扑克的同时按下秒表或者双手放在魔方计时器上，然后将扑克牌放在一旁。

我们还是拿具体的扑克牌来示范，这次的地点桩是用整体图片呈现的，在厨房里顺时针找了 5 个地点，分别是锅、抽油烟机、水池、微波炉、椅子。

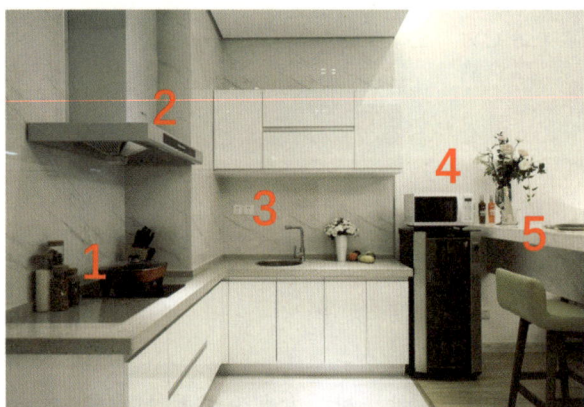

我们要记忆的 10 张扑克牌如下：

最终记忆完毕时，每个地点桩的图像和文字说明如下：

扑克牌	编码	地点	记忆的画面
梅花 3 梅花 4	33 星星 34 三丝	锅	星星从天而降，尖头扎中了锅上面装三丝的盘子，盘子的碎片都散落在锅上面。
黑桃 K 黑桃 A	71 机翼： 飞机 11 梯子	抽油烟机	飞机从左往右撞到了放在抽油烟机上的梯子，"砰"的一声巨响，梯子从中间断裂，倒在了抽油烟机上。
梅花 5 红桃 K	35 山虎 72 企鹅	水池	山虎的前爪扑向了企鹅，将企鹅死死地按在了水池里面，企鹅动弹不得。
方块 K 方块 9	74 骑士 49 湿狗	微波炉	骑士骑的马扬起马蹄，落下去踩到微波炉上的湿狗，把湿狗踩趴下了。
梅花 K 方块 5	73 花旗参 45 师傅	椅子	花旗参像扫帚一样，扫着师父的头，把坐在椅子上的师父弄得哈哈大笑。

初学阶段，建议在记忆时稍微慢一点，以准确率为前提，记对了会让我们更有信心去挑战。我们通常会告诉选手们：慢即是快，节奏慢下来，就是为了进步得更快。随着不断地刻意训练，我们会找到适合自己的节奏，在保证准确率的情况下，速度也会自然而然地提高。

接下来，请你闭上眼睛，尝试回忆一下，并且将答案写出来吧。比如答案是"方块K"，你可以写"方K"或者"74"，也可以画出"◇"再写上K。

_____

_____

如果你在测试或比赛时已经能够记一整副扑克，记完5分钟时间还没到，就可以在脑海中回想，并且将想不出来的地点尝试进行推理，想想哪些编码没有出现，也许这时就会有答案。

正式比赛时是摆牌，将另一副按顺序排列的扑克摊开，然后按照你记忆的顺序，依次找出那些扑克牌。能确定的都拿在手上排好，不能确定的就在眼前，你可以两两随意组合扑克，依次想想空着的地点，看看是否能回忆起来。

写完或摆完牌之后，核对答案，如果全对，说明你的记忆过程非常顺利，正确率很高，你可以在记录本上写一句肯定自己的话：我真的是太赞了！

当然喽，即使是世界记忆总冠军，也不可能次次都对，当出现想不起来的情况时，我们依然需要总结，方法与数字是一样的。

这里补充总结扑克的特殊情况：

一是记完发现最后的地点只有一张牌。这种情况可能是在推牌时有夹牌，某一次多推了一张，这就需要平时多练习推牌的节奏感。另外，有选手在比赛记忆时，发现扑克牌只有51张，这就需要赛前仔细核对扑克是否52张全部在，且没有重复的牌。

二是关于扑克推牌的节奏感。训练到后期，读牌和联结都非常熟练之后，我们推牌是有一定节奏的，基本上保持匀速的感觉。有时候急于想冲速度，或者某个地点卡住，突然就担心记不住，节奏感就会被打乱，这时需要调整状态，重新回到熟悉的节奏上来。"文魁大脑国际战队"流行一句话："唯有心如止水，方能行云流水。"这"行云流水"指的就是节奏感。

（五）进阶训练

刚开始训练扑克牌时，第一周最好是以读牌和联结这些基本功为主。在开始记忆训练之后，每天安排读牌 20 次、联结 10 次、记忆 5 次。当然，这个要根据你的空余时间和你目前的水平来灵活调整，建议连续训练 40 分钟要休息一会儿。

最开始训练记忆扑克，可以从 10 张开始，如果 10 张觉得很简单，准确率特别高且速度也很快，就可以慢慢增加到 20 张、40 张直到 52 张。这里并没有一个严格的升级标准，你可以自己定一个，比如平均训练 5 次能对 3 次，而时间能够压缩到 40 秒，你就尝试增加记忆的张数，这样你可能初次记忆 52 张就在 1 分钟左右。

当然，也有一些选手，开始训练时就是 52 张，将记忆时间从 10 分钟压缩到 5 分钟、3 分钟直到 40 秒，这也是一种可行的训练方案，但如果出错较多的话，可能会打击到训练的积极性。我最初也是直接整副记忆，后面发现效果不好，就从 20 张开始，打牢基本功后，再稳步增加到 52 张，最终训练到 30 秒左右。

在比赛中，还有 10 分钟扑克、30 分钟扑克和 1 小时扑克，如果训练时间很充裕，达到 1 分钟左右再练习多副扑克会更好。我们可以尝试 2 副扑克牌一遍记忆，熟练之后，挑战 4 副扑克牌看两遍记忆，几次之后，再挑战 6 副扑克牌看两遍记忆，这样慢慢增加。

一般选手会看 2 ～ 4 遍，不同选手复习策略也会有所不同。2019 年"文魁大脑国际战队"三位"国际记忆大师"的复习策略，分享出来供大家参考：

陈进毅：我10分钟扑克都是记忆两遍，第一遍记5分钟，剩下的时间记第二遍，多的时间就再往后抢记一点。30分钟扑克、1小时扑克第一遍记忆时，大概花掉10分钟，然后先复习一半扑克，接着闭眼把它们回忆一遍，接下来是另一半。当训练后期扑克记忆量很大之后，复习就按照5副一个单位进行了。

张鑫：10分钟扑克我是5副记忆一遍，复习一遍。30分钟扑克我能记13副，前6副记忆一遍复习一遍，后7副记忆一遍复习一遍，最后总复习一遍。1小时扑克我能记25副，是按照6副、7副、8副、4副划分，分别记忆一遍复习一遍，最后再总体复习一遍。

马宁：10分钟扑克我记忆一遍，复习三遍。30分钟扑克和1小时扑克，我的记忆速度会稍微放慢，从前往后记忆一遍，然后复习两遍。策略安排好之后，比赛会根据实际情况适当加减。比如2019年世界赛，由于现场灯光的影响，我减少了两副扑克。

复习策略是动态的，随着快速扑克实力的提升，以及你对长时记忆的适应，这个策略都会调整。袁文魁最初训练时，是看2副复习一次，所有看完之后，再来两遍总复习，最后多的时间重点复习几副。后来，是可以看4副复习一次，再后来是可以看8副复习一次，这样会减少"记忆"和"复习"之间节奏的切换，有助于更加从容地完成长时记忆。

想要达到1小时记住14副，平时至少要能够记忆16副，允许有2副牌出错，如果能够记到20副以上且准确率很高，当然是更好喽！长时记忆项目，平时不需要大量安排训练，在比赛前1～2个月安排即可。有初学者，快速扑克还在5分钟，就来挑战1小时记忆，这是没有学会走，就想要跑呀，不可取！

关于扑克牌的一些官方标准和纪录，供大家参考：

级别	成绩
认证记忆大师 5 级	5 分钟 10 张
认证记忆大师 6 级	10 分钟 1 副 5 分钟 20 张
认证记忆大师 7 级	10 分钟 65 张 5 分钟 30 张
认证记忆大师 8 级	10 分钟 1.5 副 5 分钟 40 张
认证记忆大师 9 级	10 分钟 91 张 5 分钟 50 张
认证记忆大师 10 级	10 分钟 2 副 5 分钟 1 副
国际记忆大师	1 小时 14 副
世界记忆纪录	13.96 秒 1 副 10 分钟 416 张 30 分钟 1100 张 1 小时 2530 张

一、二进制数字比赛规则

在规定的时间内，要求选手记下尽可能多的由 0、1 随机组成的二进制数字。

项目	城市赛	中国赛	世界赛
记忆时间	5 分钟	30 分钟	30 分钟
回忆时间	20 分钟	90 分钟	90 分钟

记忆部分：

1. 计算机随机产生的数字，每页 25 行、每行 30 个（每页 750 个数字）。

2. 比赛问卷数字的数目为现时世界纪录加上 20%。

3. 选手可以使用直尺、笔、透明薄膜等文具协助记忆。

（本节里的世界记忆锦标赛 ® 赛事真题由亚太记忆运动理事会授权，欲获取更多相关资讯，请登录世界记忆锦标赛 ® 中文官网 http://www.wmc-china.com.）

世界脑力（记忆）锦标赛中国区总决赛 2016
二进制记忆卷

```
1 1 0 0 0 0 0 1 1 1 1 0 1 0 0 0 0 1 1 0 0 0 1 0 1 1 0 1 0 0   Row 1

1 0 0 0 0 0 1 0 0 0 0 0 1 1 0 1 0 1 1 0 1 1 0 0 1 0 0 1 0 0   Row 2

0 1 0 0 0 0 1 1 0 1 1 0 0 1 1 0 0 1 0 0 0 1 1 0 0 0 0 1 0 0   Row 3

1 0 1 1 0 0 0 1 1 0 0 1 0 0 0 0 1 1 0 0 0 1 1 0 0 1 1 0 1   Row 4

1 0 1 1 0 0 1 1 0 1 0 1 0 1 0 0 0 1 0 1 1 0 0 0 1 0 1 1 0 0   Row 5

0 0 1 1 0 0 0 1 1 0 0 1 0 0 0 1 0 0 0 0 1 0 1 1 1 0 0 1 1 0   Row 6

0 0 1 1 0 0 0 0 0 0 1 0 0 1 1 0 1 1 1 0 0 1 0 1 1 1 0 0 0   Row 7

0 0 0 1 0 1 0 1 1 1 0 0 0 1 0 1 0 1 0 0 1 1 1 1 0 0 0 1 1   Row 8

0 0 0 0 1 1 0 0 0 0 1 0 1 1 1 1 0 0 1 1 1 1 0 0 1 1 0 1 0 0   Row 9

1 0 0 0 1 0 0 1 1 0 0 1 0 1 0 1 1 1 1 0 0 1 1 1 1 0 0 1 0 1   Row 10

1 1 0 0 1 1 1 0 0 1 0 0 1 0 1 0 1 1 1 1 1 0 1 1 0 0 1 1 0 1   Row 11

1 1 1 0 0 1 0 1 1 1 0 0 1 1 0 0 1 0 1 0 1 0 1 0 1 0 0 1 0 0   Row 12

1 1 1 0 1 1 0 1 0 1 1 0 0 0 0 1 1 0 0 0 1 1 1 1 0 0 0 1 0 0   Row 13

0 0 0 0 1 1 1 1 0 1 0 1 1 1 1 1 0 0 0 0 0 0 0 1 1 1 0 1 1 0   Row 14

0 1 0 0 0 1 1 1 0 1 0 1 0 1 1 0 1 0 1 1 0 0 1 1 1 0 1 1 0 1 0 1   Row 15

1 1 0 0 0 1 1 0 0 1 1 0 1 1 1 0 0 0 1 1 0 0 1 1 1 1 1 1 1 0   Row 16

1 0 1 1 1 1 1 0 0 0 0 1 1 0 0 0 1 0 1 1 0 0 1 0 1 0 1 1 1   Row 17

0 1 0 1 0 1 0 0 0 1 1 1 1 1 1 0 1 1 1 1 1 1 0 1 1 0 1 0 1 1   Row 18

0 0 1 0 0 0 1 1 0 1 0 1 0 0 1 1 0 0 1 1 0 1 1 1 1 0 0 1 1 1   Row 19

1 1 0 1 1 0 0 1 0 0 1 0 1 1 1 0 1 0 0 0 0 0 1 1 1 1 0 0 1 0   Row 20

0 1 0 0 0 1 1 0 1 1 0 1 1 0 0 1 1 0 0 1 0 0 0 1 1 0 0 0 1   Row 21

0 0 1 0 0 0 0 0 0 0 1 1 0 0 0 0 1 0 0 0 0 0 1 1 0 0 1 1 1 1   Row 22

0 1 1 1 0 0 1 1 1 1 1 1 0 1 0 1 1 1 0 1 0 0 0 0 0 0 0 0 0 1   Row 23

0 0 0 1 1 1 1 0 1 0 0 1 1 1 1 0 1 0 0 1 0 0 1 0 0 0 1 1 0 1   Row 24

1 1 0 0 1 1 0 0 0 1 0 1 0 1 1 1 1 1 0 0 1 1 1 0 1 1 0 0 1 0 1   Row 25
```

Page 1 of 2

131

回忆部分：

1.选手的答卷字迹必须清楚。修改时，不要直接将错写的"0"改为"1"，或者将错写的"1"改为"0"。应该先划掉错误的"1"或者"0"，然后在旁边空白处写上正确的"0"或"1"。

2.选手答题时必须按照顺序。如果写错位了或者写漏了要插入，必须清楚地标记，同时在答卷空白处做文字说明。如果修改太多，建议直接举手要求裁判给一张新的答卷作答。

3.选手可选择以空白格代替"0"，但每页的作答必须一致，即全是空白格或全是"0"，如果所有的空白格将当作"0"，结束行必须有该行完结的记号。

4.在最后的一行中，选手必须做出一个清楚的完结记号，如"stop""end""E""e"，或在最后作答的一格后画上一条横线。如没有明确标示，裁判只会以该行最后的一个"1"作为该行的终结。

选手姓名：　　　　年龄组别：　　　　座位号：

世界脑力（记忆）锦标赛中国区总决赛 2016
二进制作答卷

	Row 1
	Row 2
	Row 3
	Row 4
	Row 5
	Row 6
	Row 7
	Row 8
	Row 9
	Row 10
	Row 11
	Row 12
	Row 13
	Row 14
	Row 15
	Row 16
	Row 17
	Row 18
	Row 19
	Row 20
	Row 21
	Row 22
	Row 23
	Row 24
	Row 25

计分方法：

1. 完全写满并正确的一行得 30 分。

2. 完全写满但有一个错处（或漏空）的一行得 15 分。

3. 完全写满但有两个错处（或漏空）及以上的一行得 0 分。

4. 空白行数不会倒扣分。

5. 对于最后一行：如最后一行没有完成（例：只写了 20 个数字），且所有数字皆正确，其所得分数为该行作答数字的数目。

6. 如最后一行没有完成，但有一个错处或中间漏空，其所得分数为该行作答数字数目的一半（如有小数点，采取四舍五入法）。

7. 如有相同的分数，将在选手已作答而没有得分的行中，以每个正确作答的数字为 1 分进行计分决定，决定分较高者获胜。

二、二进制数字的记忆技巧

如何将毫无规律排列的二进制数字记住呢？不同的选手有不同的方式，中国选手大多数是将 3 个二进制数字转化成 1 个十进制数字，比如 010 变成 2，接下来的记忆方法就和随机数字一模一样了，一个地点桩记忆 4 个十进制数字，也就是 12 个二进制数字。这里就涉及如何翻译转化的问题。

（一）数字转化

1. 将 3 个二进制转化成 1 个十进制

二进制是逢二进一，不需要你的数学有多好，你只需要记住个位上的 1 代表着 1，十位上的 1 代表着 2，百位上的 1 代表着 4，不管哪里的 0 都是 0，接下来将它们的和加起来就是了。

比如 000，就是 0+0+0=0。

001，就是 0+0+1=1。

010，就是 0+2+0=2。

011，就是 0+2+1=3。

100，就是 4+0+0=4。

101，就是 4+0+1=5。

110，就是 4+2+0=6。

111，就是 4+2+1=7。

可以借助下面的表格来熟悉它们：

二进制转十进制表

000	001	010	011	100	101	110	111
0	1	2	3	4	5	6	7

2.将 6 个二进制转化成 2 个十进制

6 个二进制数字转化成 2 个十进制数字，在记忆比赛中，只需要将两组三位数的二进制合在一起，变成 2 个十进制的数字。

110011，划分成 110 和 011，转化为 6 和 3，合起来就是数字63。

101001，划分成 101 和 001，转化为 5 和 1，合起来就是数字51。

111010，划分成 111 和 010，转化为 7 和 2，合起来就是数字72。

100000，划分为 100 和 000，转化为 4 和 0，合起来就是数字40。

（二）翻译训练

将比赛试题上的二进制数字转化成十进制数字的过程称为翻译。翻译的速度将影响最终记忆的量，所以需要大量练习。不同的选手有不同的方式，主要有笔译和直译两种。

1. 笔译

笔译需要准备一把 30 厘米的透明直尺，直尺帮助画线，以免在翻译的时候看错位。笔译和记忆是分开进行的，开始比赛之后，选手先画线翻译，翻译完你要记忆的量之后，再从头开始进行记忆。一般翻译一页的时间要在 2 分钟以内，有个别选手可以达到 1 分钟左右，速度越快，留出来记忆的时间就越多。

翻译的第一步，运用直尺，以 6 个二进制为单位在试题上画线，如下图所示。画线时一定要将直尺放在正确的位置上，不能错位。选手根据记忆的时间以及平时的记忆量来决定画多少页以及多少行。

```
1 1 1 0 1 1 | 0 1 0 0 1 1 | 0 0 1 0 0 0 | 0 1 0 0 0 0 | 0 1 0 0 1 1   Row 1
1 1 1 0 1 1 | 1 1 0 1 0 1 | 1 1 0 0 0 0 | 0 0 0 1 0 1 | 0 0 1 0 1 0   Row 2
1 1 0 0 0 1 | 1 0 0 0 1 1 | 0 0 0 0 0 1 | 1 0 1 1 1 1 | 1 1 1 0 0 1   Row 3
1 0 1 0 0 1 | 0 1 1 0 0 1 | 1 0 1 1 1 1 | 0 1 1 1 0 1 | 0 0 0 1 0 0   Row 4
1 1 1 0 1 1 | 1 1 0 0 1 0 | 1 0 0 0 1 1 | 1 1 0 1 0 | 1 1 1 1 1 0   Row 5
0 1 1 0 1 0 | 1 1 1 1 0 1 | 1 1 0 0 0 1 | 1 0 1 1 0 | 0 1 0 0 0 1   Row 6
0 0 1 0 1 1 | 0 0 0 0 0 0 | 0 0 1 1 0 0 | 0 1 1 0 0 | 1 0 0 0 1 1   Row 7
0 0 1 1 0 1 | 1 1 1 0 1 0 | 0 0 0 1 0 1 | 0 0 1 1 1 0 | 1 1 0 0 0 0   Row 8
0 1 1 0 1 0 | 0 0 1 0 1 0 | 1 1 0 0 0 0 | 1 1 0 1 0 0 | 0 1 1 0 0 0   Row 9
0 1 0 0 1 0 | 0 1 1 1 1 0 | 1 1 0 0 0 0 | 1 1 0 1 0 0 | 0 0 1 0 0 1   Row 10
```

第二步，用笔进行翻译，用铅笔或中性笔都可以。将 6 个二进制转化成 2 个十进制，并将十进制的数字写在对应的地方。可以写在二进制上方空白处或下方空白处靠近中间的位置，如下图所示。

```
      73        2     3      1D         20          22
1 1 1 0 1 1 | 0 0 1 0 0 0 1 | 0 0 1 0 0 0 0 | 0 1 0 0 0 0 | 0 1 0 0 1 1   Row 1
      73        6   5          60          05         12
1 1 1 0 1 1 | 1 1 0 5 0 1 | 1 1 0 0 0 0 | 0 0 0 5 0 1 | 0 0 1 0 1 0   Row 2
     61          4  3          0 1         57        7 1
1 1 1 0 0 1 | 1 1 0 0 1 1 | 0 0 0 0 1 | 1 0 1 1 1 1 | 1 1 3 0 0 1   Row 3
      51          3 1          57        33        04
1 0 1 0 0 1 | 0 1 1 0 0 1 | 1 0 1 1 0 1 | 1 3 1 1 0 | 1 0 0 1 0 1   Row 4
      75          6 0          43         72        76
1 1 1 1 0 1 | 1 1 0 0 0 0 | 1 0 0 0 1 1 | 1 1 0 1 0 | 1 1 1 1 1 0   Row 5
     32          7 5          61        56        21
0 1 1 0 1 | 1 1 1 1 0 0 | 0 0 0 0 1 | 1 1 0 1 0 | 0 1 1 0 0 1   Row 6
      1 4         0 0          14         15         23
0 0 1 0 1 1 | 0 0 0 0 0 0 | 0 0 1 1 0 0 | 0 0 1 1 0 1 | 0 1 0 0 1 1   Row 7
     15          7 2          05         16         60
0 0 1 1 0 | 1 1 0 1 0 1 | 1 0 0 0 0 | 0 0 1 1 0 | 1 0 1 0 0 0   Row 8
     35          1 3          62         34         30
0 1 1 1 0 | 0 0 1 0 1 1 | 1 1 0 1 0 0 | 0 1 1 0 0 | 0 1 1 0 0 0   Row 9
     22          3 6          60         84         1 0
0 1 0 0 1 0 | 0 1 1 1 1 | 1 1 0 0 0 0 | 1 1 0 1 0 | 0 0 1 0 0 1   Row 10
```

翻译可以从左往右翻译，也可以从上往下进行翻译。如果记忆时间是 5 分钟，建议按照第一种方式，如果记忆时间是 30 分钟，建议按照第二种方式。不论哪种方式，都要确保翻译的正确率达到百分之百。

当翻译到一页的最后一行时，建议舍弃不翻译。因为一个地点记忆 2 个十进制，记忆完 2 组共 60 个地点之后，多出了一行。舍弃这一行后，下一页第一行用新的一组地点开始记忆，这样方便我们写答案时写对位置。

魔法练习：

请将下面整页二进制翻译成十进制，写在横线上面。

101011　001010　001111　011001

———————　———————　———————　———————

101101　011111　111101　100100

———————　———————　———————　———————

011000　011011　100010　011101

———————　———————　———————　———————

001110　001011　110111　101110

———————　———————　———————　———————

010111　111111　110011　111010

———————　———————　———————　———————

101100　011001　001001　101011

———————　———————　———————　———————

110111　111110　001000　001101

———————　———————　———————　———————

110100　000010　110011　010110

———————　———————　———————　———————

010011　111101　110011　011110

———————　———————　———————　———————

111100　011010　100001　111010

———————　———————　———————　———————

001011　010001　110100　001111

———————　———————　———————　———————

100101　010101　100110　010111

———————　———————　———————　———————

110000　001011　000000　011110

———————　———————　———————　———————

参考答案:

1 0 1 0 1 1	0 0 1 0 1 0	0 0 1 1 1 1	0 1 1 0 0 1
5 3	1 2	1 7	3 1
1 0 1 1 0 1	0 1 1 1 1 1	1 1 1 1 0 1	1 0 0 1 0 0
5 5	3 7	7 5	4 4
0 1 1 0 0 0	0 1 1 0 1 1	1 0 0 0 1 0	0 1 1 1 0 1
3 0	3 3	4 2	3 5
0 0 1 1 1 0	0 0 1 0 1 1	1 1 0 1 1 1	1 0 1 1 1 0
1 6	1 3	6 7	5 6
0 1 0 1 1 1	1 1 1 1 1 1	1 1 0 0 1 1	1 1 1 0 1 0
2 7	7 7	6 3	7 2
1 0 1 1 0 0	0 1 1 0 0 1	0 0 1 0 0 1	1 0 1 0 1 1
5 4	3 1	1 1	5 3
1 1 0 1 1 1	1 1 1 1 1 0	0 0 1 0 0 0	0 0 1 1 0 1
6 7	7 6	1 0	1 5
1 1 0 1 0 0	0 0 0 0 1 0	1 1 0 0 1 1	0 1 0 1 1 0
6 4	0 2	6 3	2 6
0 1 0 0 1 1	1 1 1 1 0 1	1 1 0 1 0 1	0 1 1 1 1 0
2 3	7 5	6 5	3 6
1 1 1 1 0 0	0 1 1 0 1 0	1 0 0 0 0 1	1 1 1 0 1 0
7 4	3 2	4 1	7 2
0 0 1 0 1 1	0 1 0 0 0 1	1 1 0 1 0 0	0 0 1 1 1 1
1 3	2 1	6 4	1 7
1 0 0 1 0 1	0 1 0 1 0 1	1 0 0 1 1 0	0 1 0 1 1 1
4 5	2 5	4 6	2 7
1 1 0 0 0 0	0 0 1 0 1 1	0 0 0 0 0 0	0 1 1 1 1 0
6 0	1 3	0 0	3 6

2. 直译

现在很多选手尝试不用笔来翻译，直接在脑海中边翻译边记忆，看到 6 个二进制数字直接想到数字编码，这个过程称为"直译"。

直译首先还是要画线，画线的方式和笔译一样。也有选手会用透明薄膜，比赛现场有时也会提供，直接蒙上去就开始记忆。透明薄膜上画了线，方便记忆时不会出现看错、看漏的情况。

（世界记忆冠军张麟鸿在用透明薄膜训练）

直译的过程，比如 001001，看到它就立马想到 11 筷子的形象，看到 101001，立马想到 51 工人的形象。为了让直译的速度更快，将二进制转化成十进制的 64 个编码做成图表，平时要练习进行快速反应，刚开始是做到在脑海中快速翻译出十进制，然后想到十进制对应的图像。多加练习之后，可以做到任何 6 个二进制都能 1 秒内反应出编码形象。

二进制转换十进制 64 个编码

000000	00	001000	10	010000	20	011000	30
000001	01	001001	11	010001	21	011001	31
000010	02	001010	12	010010	22	011010	32
000011	03	001011	13	010011	23	011011	33
000100	04	001100	14	010100	24	011100	34
000101	05	001101	15	010101	25	011101	35
000110	06	001110	16	010110	26	011110	36
000111	07	001111	17	010111	27	011111	37
100000	40	101000	50	110000	60	111000	70
100001	41	101001	51	110001	61	111001	71
100010	42	101010	52	110010	62	111010	72
100011	43	101011	53	110011	63	111011	73
100100	44	101100	54	110100	64	111100	74
100101	45	101101	55	110101	65	111101	75
100110	46	101110	56	110110	66	111110	76
100111	47	101111	57	110111	67	111111	77

之后，我们再进行整页的二进制直译读数练习。从 1 页开始，练习的进阶时间参照以下几个阶段：4 分钟、3 分钟、2 分钟、1.5 分钟，然后尝试 2 页、3 页甚至更多页。

（三）记忆技巧

不论是手动翻译完后再记忆，还是直译和记忆同步进行，二进制数字的记忆方法都和随机数字一样。我们以下列两行数字为例来示范一下：

111101010110101100110010011100

1111101000101101111111110100100

我们将数字翻译成十进制，两行二进制翻译后的数字如下：

7527263114764267764

这两行数字记忆所需要的地点如下图中的五个地点：桌子、椅子、茶几、台灯、植物。

具体的记忆方法如下：

第一组地点：桌子

数字：75 起舞（舞者）、27 耳机。

记忆：舞者在耳机上翩翩起舞，突然不小心跌倒了，碰到了桌子上的花瓶。

第二组地点：椅子

数字：26 河流、31 鲨鱼。

记忆：河流从天上流下来，冲刷着在椅子上张着大嘴巴的鲨鱼，把沙发也打湿了。

第三组地点：茶几

数字：14 钥匙、76 汽油桶。

记忆：钥匙插进汽油桶一拧，很多的汽油都喷出来，喷到茶几上，茶几上的杯子油油的。

第四组地点：台灯

数字：42 柿儿、67 油漆刷。

记忆：台灯一打开，掉出来很多的柿儿砸到油漆刷上面，油漆刷上的油漆溅得周围到处都是。

第五组地点：植物

数字：76 汽油桶、44 蛇。

记忆：汽油桶砸到了植物上的蛇身上，把蛇给砸晕了。

（文魁大脑俱乐部学员 钱如潺 绘图）

（四）复习策略

二进制数字的编码只有 64 个，好处是编码不如随机数字多，遗忘时要排除也会比较容易，缺点是重复出现的会更多。

在记忆二进制时，如果是 5 分钟记忆时间，大部分选手会根据自己设定的记忆量记忆一遍之后再复习一遍，如果有多的时间，就可以继续往后抢记。要抢记的话，直译的优势会更加突出，因为笔译的人还得重新翻译一些。

如果是 30 分钟的记忆时间，顶尖高手是记忆一遍、复习一遍，大多数选手是记忆一遍、复习两遍，少部分选手会复习三遍。以选手能够记忆 3 页且是记忆一遍、复习两遍为例，可以在记忆完一页之后，复习这一页，记忆完第二页后，复习第二页，接下来记忆第三页，复习第三页，最后再来一次总复习。如果还有时间，要么抢记新的，要么再重点复习一下前面某组地点。

30 分钟二进制数字是拼耐力的长项目，复习的策略要根据自己平时的记忆量和准确率等情况来灵活调整。部分高手练到后面，是几页看完一遍之后，再来复习一遍，这个需要循序渐进才能达到。

（五）进阶训练

在快速数字达到 5 分钟 160 个以前，不需要管二进制数字。达到 5 分钟 160 个以后，选手可以着手练习二进制数字，但以翻译训练为主，每周可以安排一次记忆测试，以适应记忆自己手写数字的感觉。

二进制数字在"认证记忆大师"考级赛中，是从 7 级开始的，相应的级别标准和世界纪录如下，供大家在训练中参考。

级别	成绩
认证记忆大师 7 级	5 分钟 190 个
认证记忆大师 8 级	5 分钟 220 个
认证记忆大师 9 级	5 分钟 250 个
认证记忆大师 10 级	5 分钟 280 个
世界记忆纪录	5 分钟 1688 个 30 分钟 7485 个

第四节
听记英文数字

一、听记英文数字比赛规则

在播放的英文数字中尽量记忆并回忆听到的数字。

项目	城市赛	中国赛	世界赛
记忆时间	第 1 轮 100 秒 第 2 轮 300 秒	第 1 轮 100 秒 第 2 轮 300 秒 第 3 轮 550 秒	第 1 轮 100 秒 第 2 轮 300 秒 第 3 轮 550 秒
回忆时间	第 1 轮 5 分钟 第 2 轮 15 分钟	第 1 轮 5 分钟 第 2 轮 15 分钟 第 3 轮 20 分钟	第 1 轮 5 分钟 第 2 轮 15 分钟 第 3 轮 20 分钟

记忆部分：

1. 试题为每秒播放一个英语数字的录音文件。在开始念数字前，一般先会播放 A—B—C。当 A—B—C 播放结束后，开始正式念数字。例如 1、5、4、8 等。

2. 在最后一轮，录音中所播出的数字数量是世界纪录加上 20%。

3. 录音播放期间不可有任何书写行为。

4. 当参赛选手达到其记忆极限时，必须在其座位上保持安静，直到录音完全播完为止。

5. 如果出于某种原因受到外界的干扰而需暂停播放时，裁判会从暂停时间点前已经播放的前 5 个数字开始重新播放，直到剩余数字读完为止。

例如：A—B—C—7—8—5—9—2—7—2—3—6—4—3—4—5—3—3—0—7—1—1—2—8。在最后那个 8 处因故暂停了，即这个 8 被干扰，大家没听清楚，则裁判会从这个被干扰的 8 前面的第 5 个数字，即从数字 0 处重新播放。

回忆部分：

1. 参赛选手须使用组委会提供的答卷作答。

2. 参赛选手必须从头开始，依次写下所记的数字。

3. 答卷会于记忆开始前放在选手桌下的地上。当录音播放完毕，裁判宣布开始作答时，选手方可捡起地上的答卷作答。

（本节里的世界记忆锦标赛®赛事真题由亚太记忆运动理事会授权，欲获取更多相关资讯，请登录世界记忆锦标赛®中文官网 http://www.wmc-china.com．）

计分方法：

1. 从第一个数字开始算，每正确一个数字得 1 分。

2. 一旦选手有了第一个错误，即停止计分。例如，选手记忆了 127 个数字，但第 43 个数字错了，那么得分为 42。如选手记忆了 200 个数字，但第 1 个数字就错了，得分便为 0。

3. 在受到外界干扰的情况下，选手必须先能够正确写出重新播放录音前的所有数字，之后的那些数字才会被计分。例如：第一轮 100 个数字中，在第 47 个数字受到噪声干扰。录音会由第 42 个数字开始播放直至 100 个数字结束。在答题时，选手必须正确写下前 42 个数字，则余下的 58 个数字才会被计分。

4. 如果干扰来自某位选手，这对其他选手是不公平的。作为处罚，该选手将不能参与其他轮的听记数字比赛。

5. 在比赛中，如果多个选手获得 550 分，胜出者为其他一轮得分较高者；如其他那轮的得分也一样，胜出者则为余下那轮得分较高者。如那一轮得分还一样，结果为双冠军。

下图是按照听记数字规则要求评分的样卷，方便大家更直观地了解得分规则。

如果你想体验一下听记数字，在微信公众号"袁文魁"（ID：yuanwenkui1985）回复"听记体验"，尝试将听到的 20 个数字记忆下来吧，一般初学者的正常水平在 6 个左右，看看你能够得多少分吧？

二、听记英文数字记忆方法

听记英文数字项目让很多选手望而生畏，很多非英语国家的人都说它不公平，然而很多破纪录者都是非英语国家的选手。这个项目考查的是听觉记忆力，相对而言，大部分人听觉记忆力要弱于视觉，而且比赛过程中只能听一遍，1 秒钟播放 1 个，难度相对较大。

对于任何选手来说，开始的阶段都是困难的。世界记忆总冠军王峰第一年比赛时对了 47 个，相对于他马拉松数字破纪录的水平而言，这个成绩是很一般的，第二年他的比赛成绩是 200 个，第三年的成绩是 300 个，成为当时的听记数字世界纪录保持者。他的成功让更多中国人也开始打破限制，越来越多的选手可以听到 100 个、200 个、300 个，甚至更多。

听记数字的记忆方法和快速数字一样，但是训练步骤却有许多不同。听记数字最好是在 5 分钟能记忆 160 个数字以后再练习，如果比赛前依然没有达到，也可以提前训练，但进步的速度可能要慢一些。

听记要求一遍记忆的正确率非常高，很多高手的听记之所以成绩很高，是因为他们快速数字、扑克的记忆速度很快，正确率也很好。而高水平不是一蹴而就的，需要持之以恒的科学训练，加之教练的悉心指导和队友的互助。

第一步，听英文反应编码。

这一步骤要求能够听清楚并能正确反应出每个数字，不会出现听错、听漏、听重等现象。训练可以从以下几方面着手：

首先，能反应出 0 ~ 9 这 10 个英文对应的数字。

听到声音 one，知道是数字 1，two 是数字 2，three 是数字 3，four 是数字 4，以此类推，0 到 9 这 10 个数字都能准确反应出来。可以在微信公众号"胡小玲最强大脑"上，在"其他工具"里点击"听数训练"，点击"试音"，可以熟悉 0 ～ 9 的比赛标准版发音。five 和 four，six 和 seven，这些是容易混淆的数字，平时要注意刻意进行区分。

接下来，做到能够听到两个数字反应出十位数。

比如听到 one、four，不再是单独反应 1 和 4，而是将两个组合反应出 14；又比如，two、five 不再是单独的 2、5，而是想到 25。

如果反应两个数字有些困难，可以听胡小玲老师专门录制的有序版本录音（本节结束可看到领取方式），包含从 0 开头的 00、01、02、03，一直到 9 开头的 93、94、95、96、97、98、99，花些时间听一听，反应速度会得到提高。

熟悉之后，也可以用微信公众号"胡小玲最强大脑"里"听数训练"来练习，这一阶段可以将间隔时间从 1 秒逐步提高到 0.7 秒。

在听的时候，会出现有数字重复的情况，比如 zero、five、six、six、six、seven，当重复的数字一多，很多人心里会犯嘀咕："哎！刚才有几个 six 呢？三个吗？是不是回音呢？"在怀疑自己的时候，后面的录音就会错过。平时要多加练习，慢慢去找到节奏感，慢慢你会发现，两个数字是一组，它们和下两个数字之间会有一定的时间间隔，只要我们集中注意力跟上节奏，重复再多也不怕。

最后，听数字准确反应出对应的编码图像和动作。

这时要求是听到 five、seven，不仅要反应出数字 57，还要能想到武器（坦克）的形象，并且想象坦克射出了炮弹；听到 six、six，立马能够由数字 66 想到溜溜球的形象，并且想象它会弹飞出去。

前期对于反应速度不是很快的人来说，可以运用软件自主设定听记的间隔时间和个数，设定较慢的速度。在"听数训练"里，刚开始设定的间隔可以为 1 秒，个数设定为 100 个，能够百分之百跟得上且觉得很轻松之后，调整间隔时间到 0.9 秒、0.8 秒、0.7 秒。0.7

秒都觉得很轻松，就可以进入联结训练。

第二步，听英文练习联结。

联结练习，和快速数字里的一样，当我们听到 one、five、two、five 四个数字时，立马反应出鹦鹉和二胡的联结，想象鹦鹉用嘴巴啄二胡。

联结的速度和数量可以一步步往上增加，具体可以按照下方表格，循序渐进地安排自己的训练计划。先将 40 个数字联结从 1 秒缩减为 0.7 秒，然后是 80 个数字训练到 0.7 秒，以此类推。

联结练习	1 秒	0.9 秒	0.8 秒	0.7 秒
40 个数字				
80 个数字				
100 个数字				
200 个数字				

第三步，听英文并且记忆。

听记英文数字的记忆方法，选手们常用的有三种。教练和选手们最推崇第三种方法。

1. 一个地点记忆一个数字

有的选手比较畏惧听记，所以会说："我能不能一个数字编一个码，然后放在地点上呢？"比如 one 谐音想到"碗"，听到 one 时就将碗放在某一个地点上；two 谐音想到"兔"，想象兔子在地点上面蹦蹦跳跳；three 想到 tree"树"，想象在地点上长着一棵树；four 谐音想到"佛"，想象佛在地点上打坐念经。

为了验证效果，我们也尝试过这种方式，可以记住一些，但是重复率非常高，对地点数量要求也多，想要记住超过 100 个，难度有一点大。

2.一个地点记忆两个数字

"世界记忆大师集训营"期间，许多同学会问："老师，前面一个数字放一个地点确实是有些过了，能不能一个地点放一个两位数的编码呢？听到 one、zero，反应编码 10 棒球，然后棒球去敲打地点，听到 eight、zero，反应编码 80 巴黎铁塔，巴黎铁塔从上而下插到地点上。"

这种方式可行性会高很多，如果对于听记数字项目要求不高，比如能够记忆 50 个就可以了，用这种方式也可以。如果有更高的追求，用下一种方式更好。

3.一个地点记忆四个数字

一个地点记忆四个数字，和看记数字差不多，但又有不同。因为只有一遍记忆的机会，对于记忆质量的要求更高，王峰破纪录的经验是：尽量使编码的力度更大，产生的破坏性更大，更加强调与地点的联结，同时有更多的记忆细节。

记忆 1513 这组数字，地点桩是花盆。如果是在快速数字记忆比赛中，想象鹦鹉用爪子抓住插在花盆里的注射器，就可以记住了。在听记英文数字的时候，则需要更夸张一些，想象鹦鹉用爪子用力去抓插在花盆里的注射器，注射器被爪子弄破了，里面的蓝色液体喷了出来，溅得花盆上面到处都是。

记忆 4835 这组数字，地点桩是垃圾桶。常规的联想是石板压到趴在垃圾桶上的山虎身上，就记住了。在听记英文数字的时候，可以想象很重的石板从天而降，压到趴在垃圾桶上的山虎，山虎身体被压凹进垃圾桶里，发出了剧烈的惨叫声，嘴巴里面流出了血，垃圾桶也被压塌了一些。请看文魁大脑国际战队思维导图分队导师张超老师绘制的图片：

常规联想　　　　　　　　　　听记联想

　　有人可能会问："时间本来就很紧张，还要想得比看记更多更复杂，来得及吗？"当然是来得及的，看似上面的语言描述很多，但是熟能生巧后，都是在瞬间完成的。通过练习，节奏感慢慢会出来，4个数字在地点桩记忆完之后，接下来下面4个数字，再接下来4个数字，会非常自信地过渡，而不会犹豫。

　　有人在训练时总是前怕狼后怕虎，突然会想："这两个编码之间好像没有联系得很紧密。"比如用刀来插，插了一两刀感觉还是记不住，那就多插几刀吧！在纠结的时候，后面的数字已经报过去了。所以动作要干脆利落且产生结果，不要流连忘返，告诉自己：我看到图像，我就记住了。

　　有学员问："先听到第一个编码，然后再听到第二个编码，可否先把第一个编码放在地点上，然后用第二个编码作用于第一个编码呢？比如说数字顺序是1425，地点是桌子。首先听到的是14，想象钥匙插在桌子上，然后听到25，想象二胡的弦去锯钥匙。这个方式是不是更符合听觉的习惯？"

　　这种方式是可行的，袁文魁老师也曾训练过一段时间这种方式。当然，如果看记数字时已经习惯了第一个编码作用于第二个编码，在听记数字时再去颠倒顺序，这需要一定的时间来适应。如果听记和看记都用同样的方式，彼此还会有互相促进的效果，所以建议还是用常规的方式。

比赛时怎么决定自己听多少个呢？这个可以根据平时的水平，比如有些选手平时最多听到 40 个，他可能就只准备了 10 个地点桩，记忆之后就捂住耳朵不听了，开始闭上眼睛回忆。也有些选手会多备一些地点，听到哪里没跟上或者感觉听错了，就不继续听了，因为按照比赛规则，后面的即使对了也没有分数。

答题需要等所有数字都报完，裁判说开始答题时才开始，这时请尽可能写出你记住的。这个比赛在答题开始 5 分钟之后，会有很多选手陆续交卷离场，因为大部分选手记住的数量有限，要注意不要受到他们的干扰。比赛有三次机会，取最好的成绩，第一次成绩不理想，后面调整好心态继续比就可以了，第一次挑战成功了，后面就争取多记几个。

三、听记数字的训练标准

听记英文数字与快速数字息息相关，一般建议将快速数字训练到 5 分钟 160 个，再开始训练听记英文数字。

因为听记英文数字不是评定记忆大师的硬性标准，有些选手其他项目成绩不错，会选择放弃训练这个项目，当然如果想要达到"特级记忆大师""国际特级记忆大师"，一个项目都不要放弃。

下面是这个项目的"认证记忆大师"标准以及目前的世界纪录：

级别	成绩
认证记忆大师 8 级	20 个
认证记忆大师 9 级	30 个
认证记忆大师 10 级	40 个
世界记忆纪录	547 个

【在微信公众号"袁文魁"（ID：yuanwenkui1985）回复"听记 100"，可获取听记项目的训练素材。】

第五节
随机词汇

一、随机词汇比赛规则

目标：尽可能记忆更多的随机词语（例如：狗、花瓶、吉他等）并正确地回忆出来。

项目	城市赛	中国赛	世界赛
记忆时间	5 分钟	15 分钟	15 分钟
回忆时间	20 分钟	35 分钟	35 分钟

记忆部分：

1. 每张问卷纸有 5 列，每列有 20 个广为人知的词语。当中大约有 80% 为形象名词，10% 为抽象名词，10% 为动词。

2. 词语从世界公认的字典中选出，基本都符合儿童、青少年和成人选手的认知水平。

3. 词语的数目为现时世界纪录加 20%。

4. 选手必须由每列的第一个词语开始，依次记忆该列更多的词。

5. 选手可自由选择记忆哪些列。

（本节里的世界记忆锦标赛 ® 赛事真题由亚太记忆运动理事会授

权，欲获取更多相关资讯，请登录世界记忆锦标赛® 中文官网 http:// www.wmc-china.com.）

随机词汇问卷

1	飞机	21	报纸	41	斑马	61	开始	81	欢乐
2	大树	22	知道	42	手表	62	维生素	82	电梯
3	猪八戒	23	鲍鱼	43	飞机	63	股东	83	鸽子
4	投影仪	24	套头毛衣	44	教练	64	面包店	84	设备
5	和尚	25	恐龙	45	文具	65	大自然	85	器官
6	坦克	26	伞	46	坐浴盆	66	猫头鹰	86	估价
7	油漆	27	梯子	47	工作	67	海鸥	87	叉
8	酒瓶	28	退休	48	羊毛	68	姜	88	长袍
9	气球	29	石英	49	组织	69	走私	89	计算器
10	汽油	30	衣领	50	录像	70	打架	90	钢琴
11	河马	31	项链	51	苹果	71	舞蹈	91	鲑鱼
12	战舰	32	吸收	52	雨	72	熊猫	92	拇指
13	跑步者	33	车库	53	须	73	大号	93	骚乱
14	坚果	34	誓约	54	婴儿	74	金鱼	94	体育馆
15	游艇	35	格子饼	55	骑师	75	地铁	95	网站
16	风格	36	拉链	56	鼓槌	76	护士	96	空间
17	省略	37	头痛	57	骨	77	矛	97	树
18	喷洒	38	虹膜	58	编辑	78	雪屋	98	音乐家
19	小猫	39	失业	59	资格	79	海象	99	文摘
20	羽毛	40	雨雪	60	行政人员	80	牙刷	100	花椰菜

回忆部分：

1. 选手必须在提供的答卷上写下词语，务必保证字迹清晰，多用楷书，少用草书，以免增加裁判辨认和评分难度。

2. 如果中间有漏写的词语，可以把漏写的词语写在旁边的空白处，并用箭头清晰地指明插入位置。

3. 选择中文简体试卷的选手不能用拼音、英语单词或者繁体字作答。

随机词汇答卷

1	21	41	61	81
2	22	42	62	82
3	23	43	63	83
4	24	44	64	84
5	25	45	65	85
6	26	46	66	86
7	27	47	67	87
8	28	48	68	88
9	29	49	69	89
10	30	50	70	90
11	31	51	71	91
12	32	52	72	92
13	33	53	73	93
14	34	54	74	94
15	35	55	75	95
16	36	56	76	96
17	37	57	77	97
18	38	58	78	98
19	39	59	79	99
20	40	60	80	100

计分方法：

1. 如每列 20 个词语均正确作答，每个词语将得 1 分。

2. 如每列 20 个词语中有一处错误或漏写一个词语，得 10 分。

3. 如每列 20 个词语中有两个及以上的错误或漏写两个及以上词语，得 0 分。

4. 如每列 20 个词语中写了错别字，则错几个扣几分。例如，把"斑马"写为"班马"，则扣 1 分，最后得分为 19 分。

5. 空白未作答的列不会扣分。

6. 对于最后一列：如最后一列没有写完，每个正确回忆的词语得 1 分。有一处错误或中间漏写一个词语，则该列得分为正确回忆的词语数目的一半分。有两处错误或漏写两个词语，则该列得 0 分。

7. 如果一列中有一个记忆错误和一处错别字，那么该列的计分方式为：满分先除以 2，然后再减去写错别字的词语的分数，即 20 除 2 得 10 分，再减 1 分，最后得 9 分；如果有两个词语写错别字就减 2 分，得 8 分。

8. 注意，记忆错误必须先于错别字错误扣分，否则 9.5 分会被四舍五入变成 10 分，即没有扣掉错别字该扣的分。

9. 总分为每列分数的总和。如总分有半分，则会四舍五入。

10. 如相同的分数，胜出者将取决于作答了而没有得分的列数。每正确作答一个词语得 1 分，分数较高者胜。

特别说明：如何裁定选手是错误还是写错别字？

1. 以下情况属于错误："相片"写成了"照片"，"橘子"写成了"桔子"，"橙"写成了"橙子"，"录像"写成了"录相"。虽然选手头脑中记忆的是同一个图像，但是文字的表达方式和试题不一样，这些都算错误。

2. 以下情况属于错别字："录像"写成了"录象"，"编辑"写成了"编缉","海鸥"写成了"海欧"。选手头脑中记忆的是同一个图像，且文字的表达方式和试题一样，只是在书写过程中把字的笔画或者偏旁部首写错了，这就当错别字来处理。如果裁判遇到有争议的情况，必须上报更高一级的裁判来裁定。

二、随机词汇的记忆方法

随机词汇这个项目，各国选手可以选择自己国家的语言，根据比赛的规则，要求我们一列 20 个词汇要完全正确，所以是非常严格的，很多选手可能记得很多，但是得分很少，还有一些是因为出现错别字或提笔忘字，要知道，写拼音可是没有分数的哦！记忆的难点，一是要精准，二是要按顺序，那该怎么记忆呢？

（一）图像锁链法

图像锁链法，我们在之前已经学习过，就是让图像依次通过动作或空间关系来建立联系，像锁链一样彼此相连。我以上面试题的前 10 个词汇为例：

飞机、大树、猪八戒、投影仪、和尚、坦克、油漆、酒瓶、气球、汽油

通过图像锁链法，联想如下：飞机起飞时撞到了大树的树干，大树倒下来压住了猪八戒，猪八戒拿着钉耙耙向了投影仪，投影仪射出强光照射和尚的眼睛，和尚开起了坦克，坦克射出炮弹打中了油漆，油漆飞溅到酒瓶上，酒瓶里的酒泼出来射破了气球，气球爆炸点燃了汽油桶，火光漫天。

魔法练习：图像锁链法记词汇

请将41～50、51～60这两组词汇，用图像锁链法来记忆。

（1）斑马、手表、飞机、教练、文具、坐浴盆、工作、羊毛、组织、录像

（2）苹果、雨、须、婴儿、骑师、鼓槌、骨、编辑、资格、行政人员

记忆魔法学徒分享：（"大脑赋能精品班"学员童莎、杜慧提供）

（1）斑马的嘴巴叼着一块手表，手表的表链缠住了飞机，飞行落到了教练的头上，教练用手打开文具盒，文具盒掉到坐浴盆里，激起的水花溅到正在工作的人身上，工作的人在剪羊毛，羊毛献给了工会组织，工会组织派人来录像。

（2）苹果掉落到雨水坑里，雨水溅到一个男人的胡须上，胡须在扎婴儿嫩嫩的皮肤逗他玩，婴儿扔出奶嘴砸到了骑师，骑师手里拿着一个鼓槌，鼓槌飞了出去撞断一根骨头，断裂的骨头戳伤了编辑的手，编辑手里拿着一张编辑资格证，这张证书被他递给了行政人员。

（二）情境故事法

《最强大脑》选手、北大学生倪梓强曾是这个项目的中国纪录保持者，他采用的方法就是每一列20个词汇编一个故事。

初学者可以从10个词汇开始编故事，比如试题中的第11～20个词汇：

河马、战舰、跑步者、坚果、游艇、风格、省略、喷洒、小猫、羽毛

这里面有部分词汇比较抽象，需要转化成具体的图像，比如"风格"可以想到风中的还珠格格，"省略"想到省略号。

编的故事是：一只河马开着战舰飞速地去追一个跑步者，跑步者吃了一个坚果，能量满满，一脚跨上了一艘游艇，搭救了在风中的还珠格格，溅起的浪花像是省略号，喷洒到小猫身上插着的羽毛上。

魔法练习：情境故事法记词汇

请将61～70、71～80这两组词汇，用情境故事法来记忆。

（1）开始、维生素、股东、面包店、大自然、猫头鹰、海鸥、姜、走私、打架

（2）舞蹈、熊猫、大号、金鱼、地铁、护士、矛、雪屋、海象、牙刷

记忆魔法学徒分享：（"大脑赋能精品班"学员杜慧、童莎提供）

（1）从今年开始，董事长会送维生素给所有股东，他们一起开了一家面包店，就开在大自然里。猫头鹰是店里夜间值班的店员，它发现海鸥采购来的姜都是走私的，它们发生争执就打起架来。

（2）一只跳着舞蹈的熊猫，听着大号吹奏的音乐，邀请金鱼一起在地铁上跳舞，一个护士手执长矛刺中了金鱼，送到雪屋里喂给海象吃，海象吃完之后用牙刷刷了刷牙。

（三）地点定桩法

利用情境故事法将 10 个词汇编成故事很简单，如果要记忆 120 个词汇编 12 个故事，故事与故事之间的顺序可能会乱！另外，在使用图像锁链法或情境故事法时，一旦中间有某个没有想起来，中间掉了链子，后面的顺序就错乱了，怎样可以把风险分散呢？可以采用地点定桩法。

一般来说，选手们是一个地点记忆 2 个词汇，也有少量选手是 5 个词汇编一个故事放在一个地点。这种方法最大的优势是可以无限制地记忆大量词汇，某个地点上遗忘对其他地点没有干扰，而且比较简单粗暴，不需要动脑筋编故事。

地点定桩法记忆词汇的步骤如下：

第一步，回忆地点。

在记忆之前，选择要用的地点桩，并且在脑海中回忆两三遍，假设要记忆 21 ~ 40 这 20 个词汇，要用到 10 个地点桩，我在一家酒店找了 10 个地点，这 10 个地点依次是金色花盆、广告牌底座、空调出风口、报架、充电宝架、前台、机器人、显示屏、宣传架、绿植。请看完图片以后，在脑海中回忆两遍。

第二步，开始记忆。

第 1 个地点是金色花盆，记忆内容是"报纸""知道"。在这里"知道"比较抽象，需要将其转化成具体的图像帮助记忆，用拆合法想到"捉知了的道士"；想象金色花盆上落下来一张报纸，盖在了正在捉知了的道士身上。

第 2 个地点是广告牌底座，记忆内容是"鲍鱼""套头毛衣"。可以想象广告牌底座上，有一条超级大的鲍鱼，正在织套头毛衣。

第 3 个地点是空调出风口，记忆内容是"恐龙""伞"。想象空调前面有一只恐龙，嘴巴叼着一把伞，插进了空调的出风口里。

第 4 个地点是报架，记忆内容是"梯子""退休"。"退休"是抽象词，在记忆的时候需要转化成具体的图像。可以想到"退休证""退休的老干部""后退的一休哥"等，我选择"后退的一休哥"。想象梯子倒下来，把报架前正在后退的一休哥压倒，发出了"砰"的一声巨响。

第 5 个地点是充电宝架，记忆的词汇是"石英""衣领"。"石英"有的人会很容易转化成石英钟，但是回忆时可能还原成"钟表"，我推荐用拆合的方法转化成"石头做的英雄雕像"。想象在充电宝架子上，一个石头做的英雄雕像居然动了，他在整理自己的衣领。

你可能会发现，在记忆的过程中，为了保证 2 个词汇的顺序不颠倒，一般采取的措施是第一个词对第二个词主动出击，或者是按照从左往右、从上往下、从外到内的空间顺序来记忆。

（"大脑赋能精品班"学员 阴亮 绘图）

保持这样的记忆习惯，继续记忆后面的 10 个词汇吧。

第 6 个地点是前台，记忆的词汇是"项链"和"吸收"。想象在前台，左边有一根项链像吸铁石一样，吸引了右边的收音机。

第 7 个地点是机器人，记忆的词汇是"车库"和"誓约"。想象机器人头顶上有一个车库，车库里的两个人在对天发誓，然后签下合约。

第 8 个地点是显示屏，记忆的词汇是"格子饼"和"拉链"。想象显示屏上有很多格子，格子里面正在烙饼，将饼翻过来，可以看到很多拉链。

第 9 个地点是宣传架，记忆的词汇是"头痛"和"虹膜"。想象在宣传架上，孙悟空被念咒后头痛不已，眼睛里的虹膜脱落掉在宣传架上。

第 10 个地点是绿植，记忆的词汇是"失业"和"雨雪"。想象失业的职员，垂头丧气地拿着辞退信，垂头丧气地走在绿植下的雨雪中。

（"大脑赋能精品班"学员 阴亮 绘图）

第三步，复习回忆。

记忆完成后，可以尝试再复习一次，可以快速浏览一下词汇，边浏览边在地点桩上强化一遍图像，图像可以轻松浮现的，就快速过到下一个地点，如果有些图像不清晰或想不起来，就需要再重新想象。

如果后期能够在 15 分钟记到 180 个以上，记忆和复习的策略可以这样安排：每 60 个为一组，记完一组之后复习一遍，复习方式同上；3 组都记完之后，再来一次总复习，总复习时要快速回想图像，然后把难写的字强化，或者用笔做上记号，如果最后还有时间，快速扫一眼那些做过记号的部分。

复习完之后，就可以闭眼回忆，并且默写出来。要精准地想到原来的词汇，注意"省略"不要写成"省略号"，"游艇"不要写成"快艇"，否则按照比赛规则，都视为错误。

魔法练习：地点定桩法记词汇

请将81～100这20个词汇，尝试用下列2组地点来记忆。

（1）欢乐、电梯、鸽子、设备、器官、估价、叉、长袍、计算器、钢琴

（第一组地点桩：桌子、圆凳、椅子、床、枕头）

（2）鲑鱼、拇指、骚乱、体育馆、网站、空间、树、音乐家、文摘、花椰菜

（第二组地点桩：绿植、椅子、吊灯、桌子、板凳）

记忆魔法学徒分享：（"大脑赋能精品班"学员童莎、杜慧提供）

第一组

1.词汇：欢乐、电梯。地点桩：桌子。

记忆：桌子上是欢乐谷，里面有电梯在上上下下。

2.词汇：鸽子、设备。地点桩：圆凳。

记忆：鸽子在操作圆凳上的高科技设备，将信件跨时空传递。

3.词汇：器官、估价。地点桩：椅子。

记忆：医生坐在椅子上，对着器官模型在估价，将价格写在标签上面。

4.词汇：叉、长袍。地点桩：床。

记忆：一把叉子叉穿了放在床上的长袍。

5.词汇：计算器、钢琴。地点桩：枕头。

记忆：一个人靠着枕头，拿着计算器在计算钢琴琴键的数量。

第二组

1.词汇：鲑鱼、拇指。地点桩：绿植。

记忆：形状像乌龟的一条鱼，亲吻了绿植上的拇指姑娘。

2.词汇：骚乱、体育馆。地点桩：椅子。

记忆：椅子上有一个骚乱的体育馆，里面的人都往外逃命。

3.词汇：网站、空间。地点桩：吊灯。

记忆：吊灯上面，一个人用电脑在登录网站，被吸进了异域空间里。

> 4.词汇：树、音乐家。地点桩：桌子。
>
> 记忆：桌子上长着一棵树，树下的音乐家贝多芬在吃水果。
>
> 5.词汇：文摘、花椰菜。地点桩：板凳。
>
> 记忆：板凳上，一本《青年文摘》砸到了花椰菜，把菜压瘪了。

三、随机词汇的训练策略

刚开始练习随机词汇项目的时候，可以从少量的词汇开始，比如 20 个词汇记忆 2 遍，当 3 分钟就可以记住之后，可以尝试增加到 40 个，如果 5 分钟内可以记住，可以增加到 60 个。这样逐步增加到 100 个，训练到能在 15 分钟之内记住，就可以往上增加数量。

想要这个项目的成绩比较好，有三个方法：

一是对于较陌生的名词性词汇，像鹧鸪、山茱萸、山毛榉等，要找到相应的图片固定下来并熟悉记忆，当下次遇见时可以直接出图，不需要转化，大大节约记忆的时间。袁文魁老师在 2019 年曾经将整本的植物图鉴、动物图鉴里的几百个动植物记住，可以借鉴。还有一种方式，就是每次训练出现的陌生名词，都尝试百度一下图片，下载到电脑专门的文件夹里，并且将它们记牢。

二是要多训练抽象转形象。平时看到词汇就练习"鞋子拆观众"，慢慢地，有些常见字词就会有固定的形象，比如"保"想到保安，"固"想到固体胶，形成条件反射，记忆的速度也会快很多。有些生僻字也不用怕，比如"蠹虫"里的"蠹"，上面是"囊"的上边，下边有"石"和两个"虫"，想象装着石头的囊，压住了两只虫子。平时多看看字典，多练习写字，也会对这个项目有帮助。

三是要多去总结出错的词。比如记忆"须"，有些人会写成

"胡须"，以后就可以把"须"拆字：三根须在一页纸上。还有人记忆"龟"，却容易写成"乌龟"，你可以想到只有一半的"乌龟"，让你记住只有一个字"龟"。

还有人会把"开心"写成"快乐""高兴""愉快""兴奋"等，我们可以分别来定义形象，"开心"想象成用钥匙打开一颗心；"快乐"想象成小朋友笑着在喝可乐；"高兴"想象成很高的姚明的笑脸；"愉快"想象成一条鱼游得很快；"兴奋"想象成运动员违规吃了兴奋剂，特别亢奋。以后再记忆时，就容易区分了。

这个项目是"认证记忆大师"从1级到10级都贯穿的项目，可见其重要性，另外也是评判"亚太记忆大师"的项目之一，具体标准参考如下：

级别	成绩
认证记忆大师1级	15分钟20个
认证记忆大师2级	15分钟25个
认证记忆大师3级	15分钟30个
认证记忆大师4级	15分钟40个
认证记忆大师5级	15分钟50个
认证记忆大师6级	15分钟60个
认证记忆大师7级	15分钟70个
认证记忆大师8级	15分钟80个
认证记忆大师9级	15分钟90个
认证记忆大师10级	15分钟100个
亚太记忆大师标准	15分钟110个
世界记忆纪录	5分钟130个 15分钟335个

第六节
历史事件

一、历史事件的比赛规则

目标：尽量多地记忆历史事件的年份，并于回忆时将其写在相关事件的前面。

项目	城市赛	中国赛	世界赛
记忆时间	5 分钟	5 分钟	5 分钟
回忆时间	20 分钟	20 分钟	20 分钟

记忆部分：

1.问卷的年份数目为现有世界纪录加 20%，每页有 40 个年份。

2.历史事件的年份为 1000 ～ 2099，且同一份试卷不会出现同样的四个数字。

3.所有历史事件的年份皆为虚构的事件（如：签署和平条约）。

4.历史事件年份位于问卷左方，而每个事件将垂直地排列。所有的事件会随机排列避免以数字或字母次序排列。

5.选手如果能记忆更多的历史事件，可在赛前一个月提出增加数量的要求。

（本节里的世界记忆锦标赛®赛事真题由亚太记忆运动理事会授权，欲获取更多相关资讯，请登录世界记忆锦标赛®中文官网 http://www.wmc-china.com.）

世界脑力锦标赛中国赛 2015
虚拟日期及事件 记忆卷

(159 dates presented)

Number	Date	Event
1	1832	能发现外星人的望远镜开工建设
2	1558	候车室乘客使用鸵鸟头套静休
3	1807	折叠屏幕手机一月份发布
4	1094	人吃蘑菇能随意变身大小
5	1799	鹦鹉在联合国会议上做同声翻译
6	1079	巨型向日葵被送博物馆展览
7	1280	发明草地弹力拖鞋
8	1796	喷上可食用漆烤鸭变成土豪金色
9	2091	黑猩猩成职场人士的最佳贴心保姆
10	1206	会看书的鼻涕虫被发现
11	2085	滑轮成仓鼠最爱的玩具
12	1693	百万模特瞳孔天生异色
13	1911	脑力教练薪水为千万美元
14	1841	吊带裙在士兵中流行
15	1091	恐龙帮助山顶洞人种植庄稼
16	1733	筷子开发大脑潜能让人类智商总体水平大幅上升
17	1069	豌豆荚里住着一位微型公主
18	1341	熊猫成为禅文化形象大使
19	1130	并购传闻终于成真
20	1312	厨师做出一道新汤品被赐金勺子
21	1127	0.2 秒下载一部高清电影
22	1863	二郎神现身花园遛狗拍照
23	1612	首位波斯尼亚宇航员登陆海王星
24	1942	地主女儿豪车无数
25	1925	世界第一家保险公司在景德镇成立
26	1403	防水防脏御寒抗压睡衣被发明
27	1038	残障人士拥有生活更便利的技能：吹气识物
28	1493	男人开始生孩子
29	1804	芍药花茶广受上层人士欢迎
30	1226	司机用铁头功砸开车门
31	1218	视网膜扫描记忆二维码列入军训第一堂课内容
32	1495	泼水节中意外发现神仙水可以长生不老
33	1273	小飞鱼唱歌跳舞成明星
34	1751	蜜蜂学习芭蕾舞并获金奖
35	2077	青牛队赢得网球比赛
36	1986	全民吃素放生
37	1526	积木盖成了摩天大楼
38	1135	母鸡戴上鸡冠花出行远游
39	1095	树屋里有 826 种鸟类栖息
40	1934	北极最大冰川被发现

回忆部分：

1. 答卷每页会有 40 个历史事件。

2. 答卷历史事件的次序跟问卷中的有所不同。

3. 参赛选手必须将正确的年份写在事件前。

世界脑力锦标赛中国赛 2015
虚拟日期及事件 回忆卷

(159 dates presented)

Number	Date	Event
1		回形针换了一幢游艇
2		村落在马达加斯加岛开始形成
3		残障人士拥有生活更便利的技能：吹气识物
4		每个人都接种疫苗防止蟑螂流感
5		千对新人在钻石山大学举行集体婚礼
6		茶道和香道成女子学校必修课程
7		候车室乘客使用鸵鸟头套静休
8		手表电视成海豚新宠
9		脑力教练薪水为千万美元
10		喀鲁鲁号潜水艇进入红海
11		重新修订元素周期表
12		园艺师能与 53 种动物进行对话
13		《高山流水》古筝演奏录音牒在太空站里播放
14		猪倒立着走
15		银行招募珠心算高手开千万年薪
16		防水防脏御寒抗压睡衣被发明
17		飞鱼舞入选《春节联欢晚会》
18		老人参加吹泡泡比赛获得十根金条
19		超薄连衣裙可折叠成鸽子蛋大小
20		古董砖墙卖了 10000 美元
21		大脑芯片和心脏芯片畅销全球
22		比克集齐七颗龙珠实现结婚愿望
23		百万模特瞳孔天生异色
24		海底宫殿发出万丈光芒
25		黄浦江边建起世界第一高楼
26		北极最大冰川被发现
27		水蛭成最受欢迎的吸毒血工具
28		千年乌木重见天日
29		巧克力取代米饭成人类主食
30		神奇画作拍价 5.4 亿元
31		男人开始生孩子
32		猪八戒与嫦娥重聚月球
33		扫帚成新兴的飞行交通工具
34		红黑巧克力风靡全球
35		七仙岭成攀岩旅游热地
36		阿拉伯海底发现巨型古塔
37		局座来《最强大脑》选人
38		北极熊在草原上打桌球
39		视网膜扫描记忆二维码列入军训第一堂课内容
40		企鹅队获得滑雪冠军

Page 1 of 4

计分方法：

1.每写一个正确年份得 1 分，整个年份的 4 位数字必须正确写上。

2.每个事件前只可写上一个 4 位数字的年份，每个错误的年份会倒扣 0.5 分。

3.空白行数不会扣分。

4.总分四舍五入，即 45.5 分会调高至 46 分。

5.如总分为负数者将以 0 分计。

6.如有相同的分数，则以较少错误的选手胜。

二、历史事件的记忆方法

这个项目的记忆时间只有 5 分钟，选手们一般都只看一遍，少数选手会复习一遍。记忆的方法有很多，国内外选手的方法也有一些区别，有些选手采用的是三位数编码，记忆这个项目有一定的优势。

中国大部分选手运用的方法是编码 + 关键词法、空间 + 编码 + 关键词法这两种，大家任选一种方式坚持训练即可，不要这种方法练一段时间，那种方法又练一段时间，或者是琢磨出十几种方法轮流试，最终浪费了很多训练时间。

（一）编码 + 关键词法

这个方法指的是将年代的两个数字编码，与历史事件的关键词进行联想。

比如：2098 年，世界出现四个太阳。数字编码是 20 按铃、98 球拍，历史事件挑取关键词是"太阳"，联想的画面是：我用手拍了一下按铃，球拍就动起来把太阳拍打出去。

记忆的时候，为什么不与整个事件进行联想，而要提取关键词呢？因为整句话完全出现画面，有时候可能会耗时较久。比如"李娜抽中上签"，想到"李娜"会比较快，要把她的形象呈现出来，本身就要耗费一点时间，如果还要想到她"抽中上签"，就多了一个画面，比赛只有 5 分钟时间，我们要尽量减少记忆量。当然，有时候一眼看到整句，能够直接整体出图，也是可以的。

我们按照以下步骤来训练：

1. 提取关键词并进行转化

德国选手马劳会直接遮住后面的词汇，只显示第一个，对于中国选手而言，可能前一两个字会有重复，而且有时候会比较抽象。所以我们提取关键词有这样的要求：

（1）一般是比较形象的词汇，能够快速想到具体的人物、物品或者场景。

（2）看到这个关键词能帮助我们回忆出是哪条内容。

（3）如果能尽量靠前一些最好，比如"男孩子参加奥运会射击"，选择"男孩子"比"射击"要更好一些。

（4）如果发现出现在前面的历史事件里有同样的关键词，比如"男孩子喜欢上跳舞"，这个和上面的"男孩子"重复了，这个关键词就可以换成"跳舞"。

（5）如果出现的关键词比较相似，在出现形象时要能够彼此区分。比如男人、男子、男士、男性，"男人"想象成自己熟悉的某个长辈，"男子"想象成一个男人和他的孩子（男＋子），"男士"可以想象成一个绅士的形象，"男性"可以想象男人手里拿着一封信。

我以下面 5 个历史事件来举例：

（1）1392 年，网球拍掉进树洞。关键词可提取为"网球拍"，想成"网球"甚至是"网"也可以。

（2）1428年，小偷爬窗进入。关键词提取为"小偷"。可以回想出曾经见过的某个小偷，比如某部电影里的小偷。另外还可以选择"窗"作为关键词。

（3）1117年，内地有钱人征婚千奇百怪。提取的关键词是"有钱人"，"有钱人"可以转化成马云、李嘉诚、比尔·盖茨等人，也可以是一大堆金条。另外还可以考虑"内地"，想到中国地图靠近中部的地区，也可以用"征婚"，想象出一个征婚广告的形象。

（4）2032年，玉米追星引爆炸。提取的关键词是"玉米"，画面是曾经见过的玉米，可以是长在地里的玉米，还可以是烤玉米、蒸玉米等。另外还可以挑取"追星"作为关键词，想象粉丝追着明星的画面，也可以想象在追大上的星星。

（5）1591年，矿井工人被困。提取的关键词是"工人"，可以突出安全帽这个形象。考虑到数字编码里有"工人"，所以也可以选择"矿井"作为关键词，只想到"井"也可以。

想要快速提取关键词并想到形象，平时可以以一页试题为单位，专门练习关键词的提取和转化，刚开始可以先达到 2 分钟，然后是 1 分 30 秒、1 分钟甚至更快。训练过程中容易卡壳的以及常见的关键词，可以编码成具体的图像，形成自己的关键词编码体系。平时看书或报纸，标题也可以拿来训练。

2. 与数字编码配对联想

因为历史事件的时间是 1000～2099，前面的数字都是 10～20，所以如果后面的数字不在这个区间，我们记忆时是可以调整顺序的。比如 1428 年，14 钥匙和 28 恶霸，想象恶霸拿着钥匙来与后面的关键词联想也可以，因为并不存在 2814 这样的数字。但如果是 1417 年，就必须按照顺序来联想。

联想的时候，事件的关键词放在故事的开头、结尾或者中间都可以，有些关键词如果是人物，选手会习惯将它放在开头，作为故事的主角，比如"小偷"。有些关键词是地点或物品，也可以将其作为故事发生的场景，比如"矿井"。

我将这 5 个历史事件举例说明一下，图片由文魁大脑国际战队思维导图分队导师张超绘制。

（1）1392 年，网球拍掉进树洞。

编码：13 医生、92 球儿。

关键词：网球拍。

联想：医生用力地拿注射器扎球儿，球儿放完气瘪着躺在网球拍上。

（2）1428 年，小偷爬窗进入。

编码：14 钥匙、28 恶霸。

关键词：小偷。

联想：小偷拿着钥匙插进了恶霸的手臂里一拧，恶霸疼得龇牙咧嘴。

（3）1117年，内地有钱人征婚千奇百怪。

编码：11 梯子、17 仪器：酒精灯。

关键词：有钱人，形象为金条。

联想：一个人站在梯子上，手里拿着酒精灯在烧堆起来的金条。

（4）2032 年，玉米追星引爆炸。

编码：20 按铃、32 扇儿。

关键词：玉米。

联想：我用玉米敲了一下按铃，扇儿听到铃声翩翩起舞。

（5）1591 年，矿井工人被困。

177

编码：15 鹦鹉、91 球衣。

关键词：矿井。

联想：鹦鹉用嘴巴叼着球衣，扔进了矿井里面。

用这种方法来记忆历史年代，一般情况下是不需要地点桩的，但是考虑到参赛时，有时记忆完毕到开始答题之间会有时间差，所以有些选手会用地点桩，将每个联想的画面依次放在地点桩上面，这种方式大家可以自行选择是否采用。

魔法练习：编码法记历史年代

以下是 2015 年世界记忆锦标赛® 真题，请尝试用编码法记忆下来。

（1）1682 化学家发现新元素

（2）1079 生日会供应咖喱蛋糕

（3）1509 制造了最长火车

（4）1612 医生考获车牌

（5）1497 会计师数学不合格

（6）1014 猫走进水族馆

（7）1577 警察遗失手枪

（8）1981 跑手得到遗产

（9）1936 螳螂学功夫

（10）1792 坦克发射烟火

测试题：

（1）猫走进水族馆

（2）会计师数学不合格

（3）跑手得到遗产

（4）医生考获车牌

（5）生日会供应咖喱蛋糕

（6）化学家发现新元素

（7）坦克发射烟火

（8）制造了最长火车

（9）螳螂学功夫

（10）警察遗失手枪

【请在微信公众号"袁文魁"（ID：yuanwenkui1985）回复"参考联想"，可获得完整参考联想，此部分由"大脑赋能精品班"学员童莎、杜慧提供。】

（二）空间 + 编码 + 关键词

这个方法也称为"地点分域法"，年份的前两位都是 10 ～ 20 这 11 个数字。我们可以分别定义 11 个不同的空间，比如看到 10 开头的，就快速想到 10 这个空间，然后将后两位数字的编码形象与事件的关键词联想，放在这个空间里的某个地方。下次再看到 10 开头的历史事件，就放在这个空间里的另一个地方，以此类推。

如何打造这 11 个空间呢？首先，如果空间和数字编码有一定的关联性就更好，方便回忆。其次，空间要有差异性，避免混淆。另外，这个空间要相对大一些，能够至少记忆 10 个历史年代。我举例来说明一下我的空间。

数字 10 的编码是棒球。想象的空间可以是某个棒球场，或者是曾经去过的某个操场或体育馆。

数字 11 的编码是梯子，想象的空间可以是某个有楼梯的地方，也可以想象一个儿童玩的滑梯。

数字 12 的编码是椅儿，想象的空间可以是家里的客厅，也可以是学校的教室，或者是电影院、有长椅的公园，等等。

数字 13 的编码是医生，想象的空间可以是自己熟悉的某个医院的门口、住院处、咨询台、病房，等等。

数字 14 的编码是钥匙，可以是需要用钥匙开的大门，或者是配钥匙的地方。

数字 15 的编码是鹦鹉，可以是动物园鹦鹉所在的区域，或者是花鸟市场的某个地方。

数字 16 的编码是石榴，可以是种石榴树的地方，或者是卖石榴的水果店。

数字 17 的编码是仪器：酒精灯，可以是有酒精灯的实验室。

数字 18 的编码是腰包，选取一个卖包包的店铺，或者是家里放包的地方。

数字 19 的编码是衣钩，选择家里晾晒衣服的阳台，或者是挂衣钩的衣柜等。

数字 20 的编码是按铃，选择某个上菜要按铃的西餐厅作为空间。

在建立属于自己的空间的时候，选手不需要完全照搬上面的联想空间，可以用自己第一时间想到的熟悉的、和编码有关的空间。当然，因为空间只有 11 个，你任意指定空间，分别用客厅、卧室、卫生间、厨房、酒店大堂等来定义每个编码，然后将之熟记，也是可以的。

空间打造完成之后，是不是马上就开始记忆了呢？答案是否定的。还需要对空间进行熟悉，我们称为"跳空间"。第一个要求是匀速且流畅，从 10 ～ 20 依次跳转空间，整个过程中切换非常流畅，没有卡壳的情况，想到 10 马上进入棒球场，想到 11 马上进入有梯子的地方。第二个要求是快速，按顺序跳转 11 个空间的时间少于11 秒，且随机看到数字进入任意空间的时间在 1 秒以内。

如果拿比赛试题做训练，可以遮住后面的内容，只看每一个年代的前两个数字，然后以一页 40 个历史事件来练习跳转，跳转的时间慢慢压缩到 60 秒、40 秒、20 秒，甚至更快。

在实际记忆时，我们早期进行过尝试，一种是把 10 开头的一起来记忆，记忆完毕之后再记 11 开头的，然后是 12 开头的，以此类推。这种方式需要快速搜索找到特定的开头，可能需要翻好几页纸，搜索过程中会浪费一些时间，所以不是特别推荐。另一种是选手们经常会采用的，看到一个年代就跳到相应的空间，看到下一个历史年代，再跳到另一个空间，在不同的空间里做时空穿梭。

我们还是用上面 5 个历史年代来举例：

（1）1392 年，网球拍掉进树洞。

空间：13 医院。

编码：92 球儿。

联想：想象在医院病床的枕头上，球儿飞过来砸中枕头上放的网球拍，卡在了网球拍的网洞里。

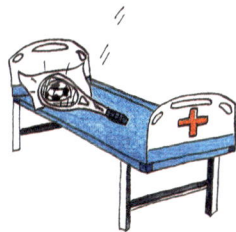

（2）1428年，小偷爬窗进入。

空间：14 配钥匙的商店。

编码：28 恶霸。

联想：在配钥匙的商店外，一个恶霸用刀子架在正在偷钥匙的小偷的脖子上，小偷吓得直哆嗦，手里的钥匙掉落在地。

（3）1117 年，内地有钱人征婚千奇百怪。

空间：11 滑梯。

编码：17 仪器：酒精灯。

联想：想象在滑梯上，酒精灯正在燃烧金条，金子熔化的水往滑梯下面流。

（4）2032 年，玉米追星引爆炸。

空间：20 西餐厅。

编码：32 扇儿。

联想：想象在西餐厅的桌子上，用扇儿在扇玉米，玉米在来回翻滚。

（5）1591年，矿井工人被困。

空间：15 动物园。

编码：91 球衣。

联想：想象动物园的鸟笼子里掉出来一件球衣，即将落进矿井里面。

初学者在使用这种方式时，可能速度没有那么快，而且在回忆时，有可能把某个空间的想到另一个空间去了。针对这种情况，我们需要让空间的差异性更加突出，一个是可以在这个空间里选取几个标志性的地点，比如医院的病房，可以选择枕头、柜子、输液架、窗户，等等；另一个是可以在空间里加上相关的人物，比如医院里有护士，家里有父母，滑梯上有孩子，这些人物可以让空间更有感情，在联想时也可以派上用场。

魔法练习：空间法记历史年代

以下试题是 2015 年世界记忆锦标赛® 真题，请尝试用空间法记忆并写出你的记忆方法。

（11）1739 信用卡透支

（12）2075 学校发现老鼠

（13）1861 主题公园免费入场

（14）1197 乌龟爬树

（15）1101 建筑师作品展览

（16）2025 韩国电影在南非上映

（17）1302 火箭击落乌鸦

（18）2070 厨师家水浸

（19）1394 豆腐切成面条

（20）1116 墙纸掉下

测试题：

（11）乌龟爬树

（12）厨师家水浸

（13）主题公园免费入场

（14）信用卡透支

（15）火箭击落乌鸦

（16）韩国电影在南非上映

（17）建筑师作品展览

（18）墙纸掉下

（19）豆腐切成面条

（20）学校发现老鼠

【请在微信公众号"袁文魁"（ID：yuanwenkui1985）回复"参考联想"，可获得完整参考联想，此部分由"大脑赋能精品班"学员童莎、杜慧提供。】

对于刚学习这个项目的选手来说，可以先把快速数字练习到至少 5 分钟记忆 120 个，随机词汇练习到 5 分钟至少记忆 40 个，再来训练历史年代会更好，进步的速度会更快一些。当然，如果离比赛还有很长时间，可以先把数字和词汇练习到更好，赛前一两个月再加入历史年代项目。

这个项目并不是记忆大师的达标项目，在"认证记忆大师"考级中，它是从3级开始的，相应的级别以及世界纪录见下表，供大家参考。

级别	成绩
认证记忆大师3级	5分钟6个
认证记忆大师4级	5分钟8个
认证记忆大师5级	5分钟10个
认证记忆大师6级	5分钟12个
认证记忆大师7级	5分钟14个
认证记忆大师8级	5分钟16个
认证记忆大师9级	5分钟18个
认证记忆大师10级	5分钟20个
世界记忆纪录	5分钟154个

第七节
抽象图形

一、抽象图形的比赛规则

目标：尽量多地记忆抽象图形，并于回忆时将每行的正确次序标注出来。

项目	城市赛	中国赛	世界赛
记忆时间	15 分钟	15 分钟	15 分钟
回忆时间	35 分钟	35 分钟	35 分钟

记忆部分：

抽象图形问卷

The World Memory Sports Council
Abstract Images

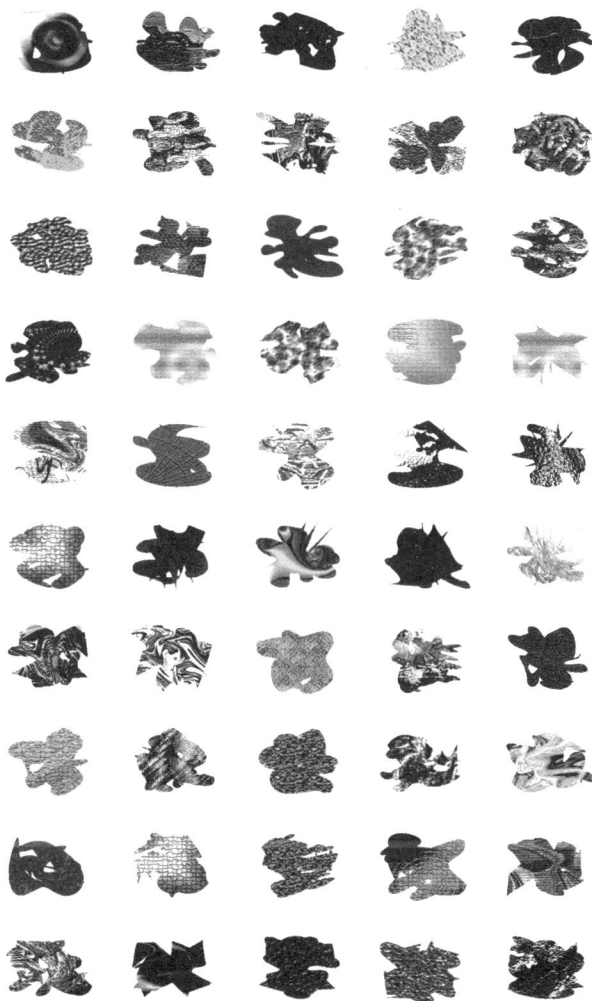

1. 每张 A4 问卷纸中有 50 个黑白图形，共 10 行，每行 5 个。这些图形皆按一定的顺序排列。

2. 每行有 5 个图形，每行独立计算分数。

3. 图形的数量为现时世界纪录加上 20%。

4. 选手可选择问卷任意一行开始记忆。

5. 重要提示：在该项目的记忆过程中，桌面上不能有任何的书写工具（如：圆珠笔或铅笔）、量度工具（如：直尺）和额外的纸张。

（本节里的世界记忆锦标赛 ® 赛事真题由亚太记忆运动理事会授权，欲获取更多相关资讯，请登录世界记忆锦标赛 ® 中文官网 http://www.wmc-china.com.）

回忆部分：

抽象图形答卷

NAME: _____

Seq:　Seq:　Seq:　Seq:　Seq:

Seq:　Seq:　Seq:　Seq:　Seq:

Seq:　Seq:　Seq:　Seq:　Seq:

Seq:　Seq:　Seq:　Seq:　Seq:

Seq:　Seq:　Seq:　Seq:　Seq:

Seq:　Seq:　Seq:　Seq:　Seq:

Seq:　Seq:　Seq:　Seq:　Seq:

Seq:　Seq:　Seq:　Seq:　Seq:

Seq:　Seq:　Seq:　Seq:　Seq:

Seq:　Seq:　Seq:　Seq:　Seq:

1. 答卷的格式跟问卷格式大致一样，内容跟记忆卷的一样，只是每行 5 个图形的次序不一样。行与行之间的顺序是不变的。

2. 选手须在答卷上每个图形下用 1、2、3、4、5，写出原来问卷每行中的图形顺序。

计分方法：

1. 每行正确作答的得 5 分。

2. 答卷中如有一行有遗漏或错误者，该行倒扣 1 分，即得分为 –1 分。

3. 答卷不作答或空白的行数不扣分。

4. 总分为负数者将以 0 分计。

二、抽象图形记忆方法

很多人第一眼看到抽象图形，会立即大呼："这乱七八糟的，怎么记呀？""我的妈呀，我有密集恐惧症！""这是'四不像'吗？我放弃记忆！"其实，只需要发挥我们的想象力，就可以将抽象的图形变成具体的形象来记忆，这是比赛中最有趣的项目了。我们从如何编码以及如何记忆两个方面来讲解。

（一）抽象图形的编码

抽象图形主要是通过纹理、颜色、局部和整体四种方式转化成具体的图像。很多记忆大师还会将其尽量转化成与数字编码相关的形象，这样记忆抽象图形就类似于记忆数字了。

1. 纹理

中国大多数抽象图形的高手，有 90% 的抽象图形编码是通过纹理编码的。仔细观察抽象图形的比赛试题会发现，很多图形虽然形状不一样，但是里面的纹理却是一模一样的。下面通过"世界记忆大师集训营"的教学场景，举例讲解纹理编码的过程。

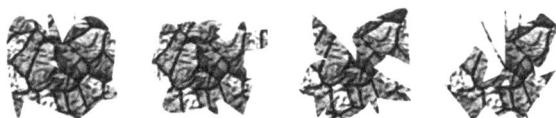

图一

胡小玲："请仔细观察这组抽象图形，第一感觉纹理像什么呢？"

朵朵："我感觉有点类似于沟壑。"

阿晶："这很像我家地板砖的纹理。"

胡小玲："沟壑、地板砖可以与你们的哪个数字编码联系起来呢？"

朵朵："河流流淌会产生沟壑，我将它编码为 26 河流。"

阿晶："地板砖不就是石板吗？我将它定义为编码 48 石板。"

图二

胡小玲："抽象图形编码和自己的生活环境、个人经历有很大的关系，编码时要遵循自己的感觉，他人的图像只能作为参考，不能照搬。请问，这一组编码像什么呢？"

朵朵："一看到它们，我就想到了我喜欢吃的巧克力，巧克力和哪个编码能够联系起来呢？我想到了巧克力味的冰激凌，联想到数字编码 70 冰激凌。"

小窦："我觉得和 45 师父（唐僧）的袈裟纹理很像，可以编码为 45 师父。"

图三

胡小玲："这组纹理看起来很有特点，但是很难想到它们像什么，我们可以找最有特征的一个点进行想象，就是用红色圈出来的地方，你觉得它像什么呢？"

小窦："这个很像我的编码 31 小刀。"

阿晶："我看到的是一片树叶，我的数字编码 01 是小树，刚好有树叶，就编码为 01 小树吧！"

所以，对纹理进行编码，主要是提取抽象图形的整体纹理或局部纹理，然后想象出相关的具体形象，如果能与数字编码联系起来就更好。

2. 颜色

当某些图形的纹理不突出，接近于纯色，可以按照颜色的浓淡编码。下图是我们总结出来很明显的两类图形，太黑的将其编码为墨汁、乌鸦等，很淡的将其编码为白云、棉花糖或者编码 87 白棋等。也有一些黑白相间的，可以定义为熊猫、奶牛、太极图等。

3. 局部

比赛有时候会出现印刷问题，抽象图形的纹理比较模糊，很多图形都是颜色比较接近的，一大堆墨水或白云，让优先选择纹理编码的人备受困扰。此时，我们也可以通过形状来编码，先来看看局部的形状，比如有些图形有尖尖的刺或突出的包等。

下面的一组图形都有尖尖的刺，这些刺和哪个数字编码有联系呢？前面两个带一根刺的抽象图形，像医生的注射器，所以将其编码为 13 医生，后两个有很多根刺，联想到编码 60 榴梿。

下图中的一组抽象图形，内部有一个或多个空白的圈，有一个圈的，像是一个棒球，编码为 10 棒球；有两个圈的，编码为 22 双胞胎；有三个圈的，编码为 30 三轮车；有非常多圈的，可以编码为蜂窝煤、莲蓬等。

再来观察以下四个图形，它们的纹理和外观都不一样，却有一个共同的特征：局部可以看到三角形，三角形应该如何编码呢？

有学员想到了 39 三角板，有学员想到了 43 石山。如果不想到数字编码，有人还会想象成金字塔、台球三脚架等。

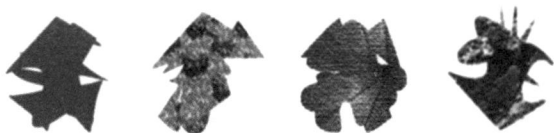

4. 整体

在记忆抽象图形时，偶尔会遇到从未见过的图形，此时可以通过整体的形状来编码，看看它长得像什么，这个就需要想象力了，而且每个人想的都不同。

比如下图中的第一个图形，很像美丽的女子背着一把古琴在翩翩起舞；第二个图形像和尚在倒立练习铁头功；第三个图形像一只小鸟立在枝头四下张望；第四个图形像一个人在舞剑。

文魁大脑俱乐部学员陈莲花，将一些抽象图形转化的形象画了出来，大家可以参考。

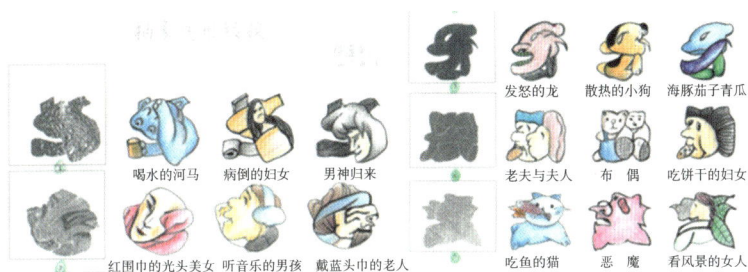

发怒的龙　　散热的小狗　　海豚茄子青瓜

喝水的河马　病倒的妇女　男神归来

老夫与夫人　布　偶　吃饼干的妇女

红围巾的光头美女　听音乐的男孩　戴蓝头巾的老人

吃鱼的猫　　恶　魔　　看风景的女人

综合以上的技巧，我们大致知道如何给抽象图形编码了。每一个图形，其实通过不同的方式，可以编码成不同的形象。比赛时一行是 5 个图形，如果发现有两到三个纹理或颜色是差不多的，就得通过局部或者整体形状来进行区分了，所以，我们需要灵活处理，保证一行中的 5 个图形都有独特的编码，让我们可以记住它们并排出顺序。

（二）抽象图形的记忆

"文魁大脑国际战队"成员胡家宝，在 2018 年世界记忆锦标赛®上，以 15 分钟记忆 804 个抽象图形打破世界纪录，获得吉尼斯世界纪录证书。世界纪录保持者是怎样记抽象图形的呢？接下来的记忆部分，将由他来为大家举例讲解。

抽象图形分为三种不同的记忆方法，分别是故事记忆法、自由联想法和编码联想法。因为答题时只需要排出顺序，所以第 5 个图形选手一般不用记，只需要记住前面 4 个图形，通过排除法就可以推断出第 5 个图形。

1. 故事记忆法

故事记忆法比较适合初学者，主要是观察整体或局部来编码，然后将其编成一个有趣的故事来记忆顺序。我以世界记忆锦标赛®的真题为例来示范，绘图均由文魁大脑国际战队思维导图分队导师张超绘制。

第一组抽象图形

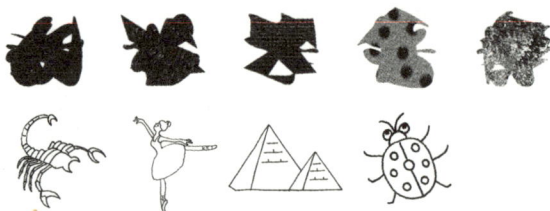

编码：第 1 个图形右上方有一个尖尖的地方，像是蝎子的尾巴；第 2 个图形从整体来看，很像一位手舞足蹈的女士；第 3 个图形中间的白色三角形，想象为金字塔；第 4 个图形有一些斑点，很像七星瓢虫身上的斑点。

故事：蝎子用尾巴的毒刺扎中跳舞女士的脚，女士只好躲进金字塔里疗伤，七星瓢虫赶紧飞过来帮她医治。

第二组抽象图形

编码：第 1 个图形从整体来看，很像一个奔跑的小朋友；第 2 个图形整体来看，像一只小兔子；第 3 个图形周围有很多突出的地方，分布相对均匀，很像一朵莲花；第 4 个图形有一种往下坠的感觉，想象为一颗陨石。

故事：想象小朋友抱着兔子跳到了莲花上，莲花带着他飞到宇宙中，用力吸收着陨石发出的能量，最终他和陨石一起掉落到地球上。

第三组抽象图形

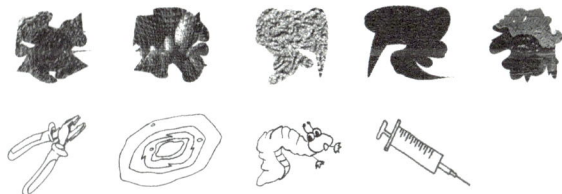

编码：第 1 个图形，上面凹陷处很像钳子；第 2 个图形，上面部分与下面部分好像在往中间挤压，并泛出白光，这好像是黑洞正在吸光，因此想象它为黑洞；第 3 个图形，其纹理如同虫子在蠕动，编码为虫子；第 4 个图形，右下角尖尖的部分想象为针筒。

故事：钳子把黑洞压出了一个洞，洞里爬出来一只虫子，这是外星人派来的虫子，它拿着针筒准备侵略地球。

第四组抽象图形

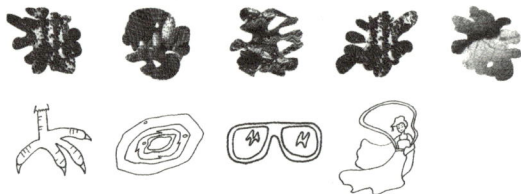

编码：第 1 个图形，里边有类似白色的爪子抓过的痕迹，因此编码为爪子；第 2 个图形，依然想象为黑洞；第 3 个图形，中间有两个白色的洞，想象成眼镜；第 4 个图形，跟第 1 个图形的纹理一样，需要通过形状区分，从整体来看，像飞到天上的仙女。

故事：一个爪子抓起一个黑洞砸向了眼镜，准备把眼镜吸入黑洞，仙女飞过来搭救了眼镜。

第五组抽象图形

编码：第 1 个图形的下方与坦克的下方不谋而合，想象为坦克；第 2 个图形，整体感觉是一只往天上飞的蜂鸟；第 3 个图形有很多黑点，我把它定义成黑豹；第 4 个从整体和颜色上来看，有点像隐形轰炸机。

故事：坦克放出很多蜂鸟进攻黑豹，黑豹吓得开着轰炸机就飞走了。

2. 自由联想法

自由联想法跟第一种方法的编码方式基本一样，唯一的不同在于是通过地点桩来帮助记忆。两个图形放在一个地点桩，与记忆数字和扑克是一样的。为了对比更明显，还是用同样的5组抽象图形来讲解。地点用的是我当年在湖北鄂州葛店训练基地找的10个地点，我将它们呈现在要记忆的图形下方。

第一组抽象图形

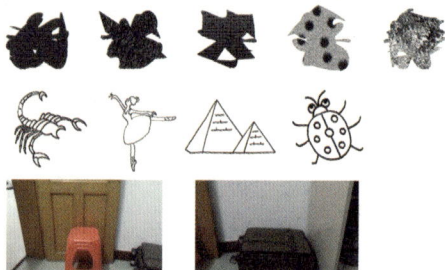

地点1：塑料椅子

记忆：蝎子的毒刺扎到了跳舞的女士，她中毒以后像疯了一样在塑料椅子上跳舞。

地点2：行李箱

记忆：金字塔从天而降，压到行李箱上的一群七星瓢虫，很多七星瓢虫四处逃窜。

第二组抽象图形

地点 3：柜子

记忆：小朋友在柜子里淘气地扯着兔子的两只耳朵，兔子急得上蹿下跳。

地点 4：盒子

记忆：莲花吸收了陨石的能量，在盒子上面疯狂地旋转，盒子被旋转出来一个坑。

第三组抽象图形

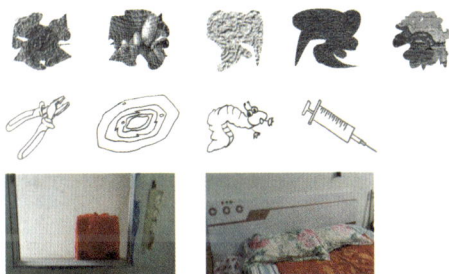

地点 5：窗户

记忆：钳子夹住一个黑洞，扔向窗户，窗户产生了扭曲。

地点 6：枕头

记忆：虫子拿着注射器插到枕头里，枕头往外冒出蓝色的药液。

第四组抽象图形

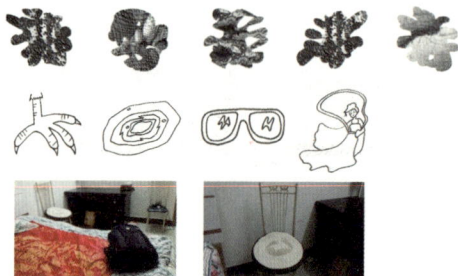

地点 7：书包

记忆：爪子使劲挠了一下书包，书包产生了三个爪痕，开始像黑洞一样吸收各种物体。

地点 8：椅子

记忆：眼镜从天而降，戴在了这位仙女的头上，仙女正坐在椅子上看着天空。

第五组抽象图形

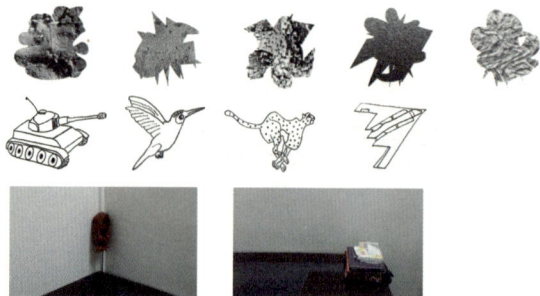

地点 9：鸡毛掸子

记忆：坦克不断往外放出蜂鸟，蜂鸟一起在啄鸡毛掸子。

地点 10：书本

记忆：黑豹扑到停在书本上的隐形轰炸机，把隐形轰炸机撕扯得四分五裂。

3. 编码联想法

编码联想法是抽象图形高手普遍采用的一种方法，它的编码以纹理为主，形状和颜色为辅，尽量使编码向数字编码靠拢。前面胡小玲老师已经举例了，我就不再仔细讲我是怎样编码的，以 3 组抽象图形来示范一下我是怎样记忆的，一般我们也是用地点定桩法。

第一组抽象图形

地点 1：沙发边缘

编码：36 山鹿、48 石板。

记忆：山鹿用鹿角去撞石板，石板被撞倒在沙发的边缘上。

地点 2：茶几

编码：59 蜈蚣、39 山鸡。

记忆：蜈蚣爬到了山鸡的身上，用触角去毒山鸡，山鸡晕倒在茶几上。

第二组抽象图形

地点 3：椅子

编码：64 螺丝、92 球儿。

记忆：无数个螺丝插到了球儿身上，球儿开始漏气，慢慢地瘪下来。

地点 4：布料凳子

编码：69 料酒、45 师父。

记忆：料酒泼到了师父的帽子上，师父坐在布料凳子上，整个凳子都是料酒的味道。

第三组抽象图形

地点 5：牛的雕塑

编码：72 企鹅、墨水（颜色编码）。

记忆：企鹅脚上沾满了墨水，踩在了牛的雕塑身上，留下了很多黑色脚印。

地点 6：窗户

编码：26 河流、59 蜈蚣。

记忆：窗户上方的河流如瀑布般顺流而下，淋到很多只蜈蚣的身上。

抽象图形记忆的三种方法是循序渐进的，初学者可以多尝试这三种不同的记忆方法，通过实践，领悟到它们之间的不同。但是最终要慢慢转移到编码联想法，这种方法在竞技中更容易达到更高的水平。

抽象图形项目从初学者到高手，从编码打造到快速记忆，需要科学的、循序渐进的训练。我的建议如下：

1.建立完整、熟悉的抽象图形编码体系

抽象图形编码和数字编码息息相关，因此数字编码是基础，这要求选手在数字编码的图像清晰、主被动熟悉之后，才可以借助

数字编码来打造抽象图形编码。同时，数字记忆的水平越高，抽象图形的提高也会越快，我打破纪录时，快速数字最好成绩是 5 分钟 400 ~ 440 个。如果是初学者，建议编码为 60 ~ 80 个，后期再根据情况灵活增加。

随着训练的推进，要思考编码哪些好用，哪些不好用，可以灵活增加、更换和改进一些编码，同时总结一些辅助性编码，比如局部、颜色的编码，跟纹理的编码打配合。

2. 读图和联结很关键

编码打造完成之后，如何熟悉抽象图形编码呢？最直接快速的方式是"读图"，开始以一页为单位，看抽象图形反应出相应的编码，如果第一次读图的时间是 3 分钟，需要继续用本页的抽象图形做读图练习。一页抽象图形读图时间在 1 分钟内，再进入下一页。当训练到每个抽象图形的编码反应时间在 1 秒以内后，可以进行 2 个抽象图形之间的联结练习，方法与数字联结类似。

训练过的试题可以旋转 90 度、180 度之后进行读图、联结和记忆，还可以把答卷当作记忆卷来训练，这样一份试题就可以多次使用。另外，赛前可以打印一些印刷质量不好的试题来训练，这样万一比赛时遇到，也可以灵活应对。

3. 记忆要以正确率为重

15 分钟抽象图形的记忆，不同的选手有不同的记忆策略。有的选手选择只记忆一遍；有的选手对正确率没有信心，会记忆两遍；有的选手是前半部分试题记忆两遍，后半部分试题记忆一遍。

不论哪种方式，时间和记忆量并不是追求的重点，抽象图形每行出错了要倒扣 1 分，所以，正确率是关键。选手要根据自己的情况，多尝试之后选择合适的记忆策略。

有很多选手会问："记忆的时候，第 5 个编码是记还是不记呢？"根据每个选手的训练情况来定，如果准确率非常差、编码比较少，建议看第 5 个编码；如果编码比较精细、准确率高，可以不看第 5 个编码。

4. 安排专用地点

抽象图形的地点在确认前可以多进行一些尝试，在尝试的过程中有的地点感觉不好，果断放弃，比较好用的地点需要不断去增强和扩充。抽象图形建议安排专门的地点，最好以 40 个为一组，这样一组地点可以记忆两页抽象图形，这从整体的地点划分来说很合理，让人感觉更加舒适，保证记忆时能百分之百投入。

5. 合理安排训练时间并保持好心态

抽象图形的训练不需要花太多时间，平时每天基本保证在半个小时到一个小时之间。比赛前，如果将其作为重点项目突破，可以增加到两个小时左右，以保证赛场成绩的稳定发挥。

很多选手在记忆抽象图形时，有的时候成绩很好，有的时候成绩比较差，这说明心态起伏会比较大，所以在平时训练中要着重关注心态的调整和变化。

目前抽象图形的一些官方标准和纪录如下，供大家参考：

级别	成绩
认证记忆大师 9 级	15 分钟 75 个
认证记忆大师 10 级	15 分钟 100 个
世界记忆纪录	15 分钟 840 个

【在微信公众号"袁文魁"（ID：yuanwenkui1985）回复"胡家宝"，可以阅读"脑友记"文章，更多了解胡家宝学习记忆法并且打破世界纪录的心路历程。】

第八节
人名头像

一、人名头像比赛规则

目标：在规定时间内记忆人名和头像，并于回忆时将人名跟头像正确搭配，记得越多越好。

项目	城市赛	中国赛	世界赛
记忆时间	5 分钟	15 分钟	15 分钟
回忆时间	15 分钟	30 分钟	30 分钟

记忆部分：

1. 每张不同人物的彩色照片（没有背景的头肩照）下有姓和名。

2. 头像的数目为现时世界纪录加 20%。

3. 人名为随机编排，以避免选手从头像的种族得到提示。

4. 人名中包含不同的种族、年龄和性别的头像。其中男女比例为 50∶50，成人和小孩比例为 80∶20，大约三分之一的成人会是 15 ～ 30 岁，三分之一为 31 ～ 60 岁和 60 岁以上的长者。

5. 姓和名是随机编排的，一个人可能会有欧洲人的姓氏和中国人的名字。

6.名字根据性别分配，比如女性名字只会配女性头像。

7.在比赛中，每个名字或姓氏只会出现一次。

8.带有连字符的名字将不会使用。

9.地区赛事中不能有任何族群倾向。例：法国赛事中不能只有法国人的名字。所有地区和世界纪录如有任何族群倾向，将以 0 分计。

照片的编排为以下其一：

每张 A4 纸中有三行，每行三张照片。

每张 A3 纸中有三行，每行五张照片。

每张 A3 纸中有四行，每行六张照片。

10.选手可以使用直尺、笔等文具。

（本节里的世界记忆锦标赛®赛事真题由亚太记忆运动理事会授权，欲获取更多相关资讯，请登录世界记忆锦标赛中文官网 http://www.wmc-china.com．）

回忆部分：

1.答卷上彩色照片的规格与问卷一样，只是照片顺序会打乱，并且没有姓名。

2.选手必须清晰地在照片下方写上正确的姓和名。如问卷中多于一种文字（例：英文和简体中文），选手只能选择其中一种文字作答。

3.最新的答卷中，在每张照片下面会有两条隔开的横线。选手要在第一条横线上写上姓，第二条横线上写上名，不可颠倒或者写在两条横线中间。

计分方法：

1.正确的名字得 1 分，正确的姓氏得 1 分，只写上姓氏或名字亦可得分，错误填写的姓氏或名字得 0 分，没有姓氏或名字将不会倒扣分。

2. 问卷上不会有重复的姓氏或名字。同样地，答卷上不应有重复的姓氏或名字。如有姓氏或名字在答卷上重复多于两次，如写了三个"马文"，则每个扣 0.5 分。请选手不要写同一个信息（姓氏或名字）超过三个。

3. 姓氏和名字，其次序必须跟问卷的相同。如次序颠倒，则计作 0 分。

4. 总得分有小数点时，四舍五入。

5. 如同时使用第二种语言作答，第二种正确答案都将不获得分数。例如，大部分答案为简体中文和有一个英文的答案，使用英文作答的部分将不得分。

6. 如有相同分数，胜出者为较少犯错的一位。

二、人名头像记忆方法

人名头像项目是令很多人头疼的项目，一是因为外国的人名比较陌生且较长，有些姓和名加起来有 5 ～ 10 个字；二是虽然有不同种族的面孔，但总会出现很多衣着、发型、面孔等比较类似的，容易混淆；三是要在规定的时间内记忆，而最终要能够给打乱顺序的面孔写出名字，有时候会大脑空白或张冠李戴。

即使再难，掌握了技巧也依然可以突破，我们从以下三个方面来训练：

（一）外国人名的形象联想

在第二章里，我们讲解了中国姓氏的编码，熟记这些编码，记忆中国人名就会简单很多。在正式比赛中，如果看到中国名字，一定要迅速记住，该得的分一定不要丢哦！那外国人名怎么办呢？

第一种方法，是多认识一些外国各领域的明星，在出现时就直接联想到他们的形象。比如看到"迈克尔"直接想到球星"迈克尔·乔丹"，看到"奥普拉"就想到脱口秀女王奥普拉。

我曾经在一些明星网站截屏大量的素材，彩色打印后拿来做人名头像训练，记得非常熟练的就会用来作为人名的编码。比如，《X战警》里饰演青年X教授的詹姆斯·麦卡沃伊，我就将他定义为"詹姆斯"的编码。

除此以外，电影、漫画、游戏等里面的人物，也是可以定义为编码的。陈智强曾经是这个项目的中国冠军，他当时就特别喜欢玩"赛尔号"，他在记忆人名头像时很多都会用这里面的人物。

第二种方法，是尝试用"鞋子拆观众"进行编码。对于比较熟悉的名字，优先用谐音法，比如"玻利"编码为"玻璃"，"罗伯茨"编码为"萝卜吃"，"弗朗西斯"谐音为"夫拦西施"。

大部分陌生的名字，都容易写错字，所以我更多的是用拆合法，而且尽量拆成原字来联想，比如"贝蒂"的编码是贝壳夹着烟蒂、"贝基"的编码是贝壳做的地基、"贝思"的编码是贝壳里的思考者。当然，有些很熟悉的部分也可以用谐音，比如"杰拉尔丁"编码为英雄豪杰拉掉耳钉、"阿加莎"编码为阿姨穿着袈裟，"亚历克"编码为鸭梨压住坦克。

2008 年，袁文魁老师将《牛津英汉词典》里的外国人名编码成15 页左右的 A4 纸资料，并且录音后反复听，但是比赛时，很多名字都没有出现。所以不太推荐刚开始就大量编码，而是在训练过程中提升快速编码能力，容易出错的字或特别常见的姓氏，可以考虑进行编码。

比如"艾丽斯"，在试题中可能会出现"爱丽丝""艾丽丝""艾莉斯"等不同版本，就可以将"艾"编码成"艾叶"，"爱"编码成

"爱心"，"丽"编码成"丽江"，"莉"编码成"茉莉花"，"丝"编码成"丝巾"，"斯"编码成"瓦斯"。如果试题出现的是"艾莉斯"，我就会想象用艾叶水泡上茉莉花，发出了一股瓦斯味。

魔法练习：外国人名记忆

以下是美国最常见的50个人名，请将其快速联想到形象编码。

序号	姓氏	形象编码
1	戴维斯	
2	米勒	
3	加西亚	
4	罗德里格斯	
5	史密斯	
6	约翰逊	
7	威尔逊	
8	安德森	
9	泰勒	
10	威廉姆斯	
11	马丁	
12	马丁内兹	
13	杰克逊	
14	汤普森	
15	怀特	
16	布朗	

序号	姓氏	形象编码
17	琼斯	
18	托马斯	
19	克拉克	
20	刘易斯	
21	鲁宾逊	
22	沃克	
23	佩雷斯	
24	赫尔南德斯	
25	摩尔	
26	洛佩兹	
27	李	
28	冈萨雷斯	
29	哈里斯	
30	霍尔	
31	赖特	
32	金	
33	斯科特	
34	杨	
35	艾伦	
36	纳尔逊	
37	希尔	
38	拉米瑞兹	
39	卡特	
40	菲利普斯	

序号	姓氏	形象编码
41	埃文斯	
42	特纳	
43	托雷斯	
44	坎贝尔	
45	米切尔	
46	罗伯茨	
47	桑切斯	
48	格林	
49	贝克	
50	亚当斯	

【请在微信公众号"袁文魁"（ID：yuanwenkui1985）回复"参考联想"，可获得完整参考联想，此部分由"文魁大脑国际战队"选手吴晶晶、窦桥等人提供。】

（二）头像的观察联想技巧

头像的观察，类似于抽象图形，我们可以从以下方面着手：

1. 整体感觉。看到某个头像，你感觉他长得像某个明星，或者是你熟悉的朋友，就可以直接用想到的人物与他的名字进行联想记忆。

另外，我们还可以根据他的服装、面容等整体特征，猜测这个人的身份，包括来自哪个国家、民族或者从事哪个职业。比如下图，上面一排分别是阿拉伯人、韩国人和印度人，下面一排分别是学生、警察和护士。

职业

2. 局部特征。我们有时候只通过某个特征，就能够辨认出某些人物，比如有的人鼻子是鹰钩鼻，有的人嘴唇像香肠嘴。在比赛中，我们可以观察人物的以下特征：

（1）帽子。戴帽子的头像在比赛中比较稀少，我们可以直接将人名与帽子进行联想。可以在图片里的帽子上直接想象，也可以在另一个场景里去想象。比如第三个人的帽子像魔术帽，我们就可以将人名与你熟悉的魔术师联想。

帽子

（2）发型。有些特别的发型，一眼就容易记住。下图中，第一个人的发型像是珊瑚，第四个人的发型像大波浪，第六个人的发型像西瓜皮，我们就可以将人名与珊瑚、波浪和西瓜皮来进行联想。

215

发型

（3）衣服。除了常见的西服、衬衣等会混淆外，一般的衣服还是容易区分的。可以直接用衣服的形象来联想，也可以根据衣服的材质、颜色、款式等来联想。第一个人的衣服是粉白相间的条纹，像是垂下来的一条条丝带，第二个人的衣服是运动服，想到足球运动员，第三个人衣服的颜色很容易想到土，第四个人衣服的颜色让我想到了小黄人。

衣服

（4）佩饰。佩饰不常有，看到定记牢。下图中，人物佩戴的耳环、围巾、发卡、项链、耳机等，都是可以帮助我们记忆的点，可以直接将人名与这些佩饰进行联想。

佩饰

（5）面部。观察面部的皮肤、情绪、五官等，皮肤上的皱纹、酒窝、伤疤、妆容等是优先考虑的，相对容易区分。如果情绪很明显，也可以将其编码联想，比如图中开心的小女孩、悲伤的男人、生气的女人，我会想到《大脑特工队》里面的乐乐、忧忧、怒怒等形象，也可以将愤怒联想到"火"，将"忧郁"联想到蓝色的大海等。

表情

通过五官来区分，难度相对较大，但如果某个部分特别突出，还是可以考虑的。比如有蛀虫的牙齿、厚厚的眼袋、扇子般的耳朵、吐出来的舌头等。如果想深入研究区分面部的各种感官，可以稍微研究一下面相学。比如百度搜索"眼型"，就会有文章介绍猴眼、虎眼、丹凤眼、龙眼、孔雀眼等，这些就是很好的编码。

魔法练习：观察头像找特征

请尝试观察以下头像，每个都至少找到两处特征！

（三）人名与头像配对记忆

以下部分由"文魁大脑国际战队"焦典老师分享，他在 2017 年至 2020 年连续四年获得"国际记忆大师"称号，并且获得东盟记忆公开赛人名头像冠军。

在记忆时，我们将人名转化成的形象与头像转化的形象进行联想，这时候可能是按顺序编一个故事，也有人会把姓和名分别用形象的两个不同部位来联想。比如头像联想到的是山峰，这个人叫玛丽莲·雷，可以想象山峰的左边是玛丽莲·梦露，右边则有一道雷劈下。

接下来，我还是以试题来示范吧，先看看学前测试的这 15 个中国人名头像：

高　瀚宇　　白　涛　　林　兰　　陈　倩　　孙　茜

董　平　　陈　砺志　　吴　宏亮　　樊　璐远　　王　易冰

李　佳璇　　张　峻宁　　杨　晨　　廖　菁　　宋　歌

1. 高瀚宇　特征：帽子—UFO

记忆：高高的浩瀚宇宙里飞来一个 UFO。

2. 白涛　特征：白色衬衫

记忆：黑色的头发如瀑布落下，打到白色衬衫上，激起白色的波涛。

3. 林兰　特征：卷发

记忆：树林里的兰花长着一头卷发。

4. 陈倩　特征：两个手指，联想到点穴

记忆：吃着陈皮的倩丽女子突然不动了，她被人点穴了。

5. 孙茜　特征：牛仔背带裤

记忆：孙子穿着牛仔背带裤，在吃爷爷种在草地里的西瓜（"茜"拆字）。

6. 董平　特征：衬衫上的条纹，联想到流水

记忆：古董瓶（平）子里面装着流水。

7. 陈砺志　特征：纯黑领带

记忆：戴着纯黑领带的销售员，吃完陈皮，一起站在石头上喊励志（砺志）口号："我是世界上最伟大的销售员！"

8. 吴宏亮　特征：坐着的椅子

记忆：坐在椅子上的她看到蜈蚣（吴），发出了洪亮（宏亮）的尖叫声。

9. 樊璐远　特征：白大褂，联想到医生

记忆：医生挣脱樊笼返回大自然，走路（璐）走了很远很远。

10. 王易冰　特征：浅蓝色衬衫，联想到了 IT 男

记忆：大王用《易经》包住一块冰，送给正在用电脑的 IT 男。

11. 李佳璇　特征：拳头

记忆：李白戴着王冠，旋（璇）转着拳头在打醉拳。

12. 张峻宁　特征：耳机

记忆：张飞戴着耳机，穿过了崇山峻岭。

13. 杨晨　特征：大拇指点赞

记忆：老人在杨树下晨练，一群人竖起大拇指点赞。

14. 廖菁　特征：珍珠项链

记忆：料酒（廖）洒在一串草青（菁）色的珍珠项上。

15. 宋歌　特征：壮实的肌肉

记忆：壮实的肌肉男正在给女孩唱颂歌（宋歌）。

魔法练习：记忆中国人名头像

　　请尝试用刚才的方式，在10分钟记下这15个名字，然后看着答卷默写出来吧。

黄　园　　金　萍　　陆　长梅　　梅　艳珍　　李　钢

刘　莉　　连　宾　　高　涛　　龚　祝南　　梁　廷明

刘　梅　　李　宏　　卢　山　　陆　玲　　刘　平

请遮住上面的题目，开始作答。

【请在微信公众号"袁文魁"（ID：yuanwenkui1985）回复"参考联想"，可获得完整参考联想，此部分由"国际记忆大师"焦典提供。】

中国人名头像，在平时生活中非常实用，但在比赛中相对较少，如果看到了一定要优先记住。接下来，我们来测试一组比赛真题，这是 2018 年世界记忆锦标赛®中国城市选拔赛的试题，里面有大量的外国人名，请你先尝试测试一下第一页，给你 15 分钟时间，看能否将这 15 个名字尽可能都记住。完整版试题，请在微信公众号"袁文魁"（ID：yuanwenkui1985）回复"比赛试题"获取。

白　鲁达基　　山崎　乐泽　　李　秀一　　萨拉　诺玛　　车　阿克约尔

皇甫　喜德　　切斯特繁　　王　妮蒂亚　　伊莱　宝儿　　马提娜　内丽

特蕾莎　奥康纳　朱莉　布兰琪　乔休尔　宁平　安琪罗　秀中　姚　贝蒂

我以第一页为例，来分享一下我是怎样记忆的。

1.白鲁达基　特征：耳钉

记忆：白雪中，戴着耳钉的美女在吃卤大鸡（鲁达基）。

2.山崎 乐泽　特征：红色领结，联想到红蝴蝶

记忆：红色蝴蝶飞过山间的崎岖小路，乐呵呵地落在沼泽上，结果陷了进去。

3.李秀一　特征：灰色衣服，联想到灰尘

记忆：吃着李子的李秀才做出一字马，衣服上沾满了灰尘。

4.萨拉 诺玛　特征：项链

记忆：想象在项链上挂着水果沙拉（萨拉），落（诺）到了马（玛）嘴里。

5. 车 阿克约尔　特征：衬衫有很多竖折痕，像一把把尺子

记忆：装满尺子的车，撞到阿姨开的坦克，赶紧约你（文言文"尔"代表你）来调解。

6. 黄甫 喜德　特征：西瓜头

记忆：剪着西瓜头、穿黄衣服（黄甫）的人喜得（喜德）贵子。

7. 切斯特 繁　特征：白色胡子，想到老爷爷

记忆：老爷爷用大刀切石头（切斯特），繁星出来了，他依然没停下。

8. 王 妮蒂亚　特征：衣服后面有兜帽

记忆：大王从兜帽中拿出假牙，说："你的牙（妮蒂亚）。"

9. 伊莱 宝儿　特征：右脸的酒窝

记忆：伊拉克来（莱）的宝贝儿，右脸上有深深的酒窝。

10. 马提娜 内丽　特征：头发像乱草，嘴巴张得大

记忆：在头发上，一匹马提着一袋子蜡烛（娜）；在嘴巴内，有一本《瑞丽》杂志（这里是姓与名分别和不同的部位联想）。

11. 特蕾莎 奥康纳 特征：长睫毛

记忆：长睫毛的女子，把有特别蕾丝边的浪莎牌袜子和奥康牌皮鞋放进收纳盒里。

12. 朱莉 布兰琪　特征：干裂的嘴唇，突出的锁骨

记忆：在嘴唇上，含着朱红色的茉莉花；在锁骨上，坐着歌手布兰妮在吃沙琪玛（这里是姓与名分别和不同的部位联想）。

13. 乔休尔 宁平　特征：听诊器

记忆：他戴上听诊器，乔装成医生休息了一会儿（尔），然后拧（宁）开瓶（平）盖喝了口水。

14. 安琪罗 秀中　特征：深蓝色 T 恤，联想到蓝色墨水

记忆：保安敲着 7 个锣（琪罗），秀出一个麻将牌红中，扔出去将蓝墨水全打翻了，把衣服都染成了深蓝色。

15. 姚 贝蒂　特征：金黄色的眼球

记忆：他不敢看她金黄色的眼睛，要背地（姚贝蒂）里偷偷看她。

人名头像这个项目，一般记忆大师重点练习它的不多，在平时训练时偶尔测试一下，赛前一两周集中强化训练。近年来，"亚太记忆大师"添加了人名头像的标准，这个项目开始被重视起来。

在比赛中，不同人采取的策略不一样，"国际记忆大师"张晓彤的策略是：

1. 先记短后记长。看到试卷后，先挑名字比较短的记，比如姓或名不超过三个字的。把所有短的名字都记完，有时间再去记忆比较长的。

2. 先记易后记难。有的名字比较容易联想成图像，我们就先记。一时联想不到图像的，可以先跳过去记忆其他的。记过的，我们可以做个记号，方便复习。

3. 比赛结束前最好复习一次。我们在把姓名转化成图像的时候，经常通过谐音法联想到有着相似发音的另一个字或词语。为了避免在答题时写错别字，我们最好在比赛结束前完整地做一遍复习，加深对姓名写法的印象。

这是目前人名头像的一些官方标准和纪录，供大家参考：

级别	成绩
认证记忆大师 10 级	5 分钟 20 个
亚太记忆大师	15 分钟 60 个
世界记忆纪录	5 分钟 97 个
	15 分钟 187 个

【微信公众号"袁文魁"（ID：yuanwenkui1985）回复"焦典"，可以阅读"脑友记"文章，更多了解焦典学习记忆法成为"国际记忆大师"的心路历程。】

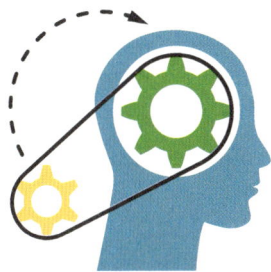

第四章

成功心法篇

阻碍记忆训练的五毒心魔

阻碍记忆训练的心理因素，我将其定义为"心魔"。佛教里有一种说法叫"五毒心"，分别是贪、嗔、痴、慢、疑，这五种习性对人的危害甚于毒药，是人类各种痛苦和烦恼的根源。

很多人熟悉《西游记》，猪八戒就是"贪"的代表，贪吃、贪睡、贪财、贪女色。孙悟空是"嗔"的代表，疾恶如仇，见不得恶人和妖精，举起棒子就打。沙和尚是"痴"的代表，天生愚钝。唐僧是金蝉子转世，因为轻慢佛法被贬到凡间修行，是"慢"的代表。而一路之上，师徒四人经常互相猜疑，唐僧屡次赶走悟空，八戒多次吵着要散伙，这些都是"疑"。

贪、嗔、痴、慢、疑，这些"心魔"外显出来，就是一路上的各种妖怪，《西游记》里的修行过程，就是战胜心魔修成正果的过程。我们在记忆竞技训练中，一路升级打怪，其实并没有所谓的对手，都是和自己内心的"五毒心魔"在较量，那些能够很快达到巅峰状态的选手，比如王峰，就是能很好驾驭"心魔"的选手。

心魔之一：贪

贪，是对顺境的一种贪婪，日常生活中，小到贪吃、贪睡、贪喝、贪玩，大到贪财、贪权、贪名、贪色，都是贪的表现。在训练中，我总结出五大方面的"贪"：

第一，"贪"是在目标上，贪大贪多。

我遇到一些选手，初学阶段就定下目标："我要打破 10 项世界纪录，我要成为世界第一！"或者记忆扑克还刚刚入门，就天天叫嚷着："我要打破世界纪录，我要 10 秒记住扑克！"

当我们将目标定得过高，与现实的差距特别大时，就会在训练中产生落差，就会开始怀疑："哎呀，我的目标是 10 秒，现在要 3 分钟，我真是太慢了，我到底能不能做到呀？"所以刚开始，目标要定得能够一下子可以摸着，达到后再定下一个小目标，这样才会积累成就感，推动我们继续前进。

还有一类是定下很多目标。我在 2008 年初，换了很多记忆的目标，想花三个月背完《牛津高阶词典》，接着目标换成了《英汉辞海》，后来又换成了《圣经》，最终变成了《孙子兵法》。一路折腾后，时间浪费了，内心很迷茫，最终回归到比较现实的目标，就是成为"世界记忆大师"，后来几个月只专注于这件事，才终于修成了一点正果。

第二，"贪"是在方法上，贪多贪捷径。

记忆大师们现场表演很震撼，但是揭秘了方法之后，就没那么神奇了，更多的是靠训练。学习记忆法初期，我陷入痴迷的状态，奢望像武侠小说里一样，哪天掉到一个山洞里，捡到一本武功秘籍，或者遇到一个绝世高人，一夜之间成为天下第一的高手，重出江湖后一鸣惊人！

我在 2007 年就看了上百本记忆书籍，翻遍了网络论坛的各种帖子，想要去搜索更神奇的记忆方法。2008 年遇到一位老师，因为他的方法很特殊，所以过年都没有回家，去外地跟随他学习。最终，我发现我迷失了自己，其实成为"世界记忆大师"的方法我早已拥有，我只需要静心训练就可以。

另外，对于具体比赛项目的记忆方法，方法多了也会让选手陷入迷茫。比如记忆历史事件的方法，细数起来有十多种，哪怕只知道三四种，选手们也会有"选择困难症"，这种方法练几次，那种方法练几次，感觉成绩不理想，又开始去寻找更好的方法，最终时间都浪费了。

我在最初三年的比赛中，历史年代换了三种方法。后来我知道了，任何一种方法坚持训练下去，都能至少达到 5 分钟记忆 80 个的水平，但如果不停地切换方法，就像不停地挖井一样，很难把一个井挖出水来，只能是低水平重复。

第三，"贪"是在速度上，急功近利。

在记忆界，有些选手宣称一个月练成了"世界记忆大师"，还有些人宣称是 10 天，我不否认有人天赋异禀，但是我们不应该以此为目标，希望能够速成，恨不得施个咒语就变成"世界记忆大师"。

对于每个选手而言，本身的天赋、心性、能力、知识都有差异。即使同一天开始学习记忆法，大家的起点也是不同的，所以没有必要去和别人比较，正如教育专家魏书生老师常说的："不攀不比，超越自己。"请找到自己的成长节奏，你只负责播种，结果上天自有安排。

刚才这个"贪"是想要速成，对于具体项目的记忆速度，也有很多选手会贪快。比如扑克牌，可以 60 秒了，总想着更快，每次训练总想着："快，快，快，一定要更快！尽快突破 50 秒！"欲速则不达，当注意力都在"快"上时，记忆的节奏就乱了，同时，我们也会恐惧"慢"的情况，此时内心被负面情绪占据，结果自然不会太理想。

王峰有一段时间也想刻意提速，却发觉反而乱了阵脚，后来他放下了执着，每天只是定量练习几副扑克牌，没有想到的是，他的速度自然而然在加快，从原来的 30 多秒缩短到了 20 多秒。

"慢即是快"，当你慢下来，去享受记忆训练的乐趣时，时间仿佛不存在了，那就是一种"心流"状态，在这种状态里，你会体验到什么叫真正的"快"。

第四，"贪"是在准确度上，追求完美。

在训练过程中，全对的感觉当然是很棒的，但如果奢望每一次都全对，并且一旦出现失误就很自责，这反而是训练的阻碍。要知道，即使是世界记忆冠军，在比赛中也会出现扑克两次都失败，或者快速数字得 0 分的情况。在平时训练中，没有全对就更加正常了。

如果将"成功"定义为全对，并且只有这个标准，我们就会体验大量"失败"，越来越多的挫败就会吸引来焦虑、恐惧、担忧，甚至会崩溃并放弃比赛。即使成了记忆大师，整个过程如此辛苦，成功之后也很难开心，可能他还会觉得自己很失败，因为他并没有"完美"地达到目标。

我教选手这样定义"成功"，假如现在的水平是 45 秒至 50 秒记忆一副扑克，对的张数在 46 张至 52 张，如果我在这个正常范围内，我定义为"成功"；如果我的速度更接近 45 秒，或者准确率更接近于 52 张，我定义为"优秀"；如果我打破了个人的纪录且完全正确，我定义为"完美"；如果时间和准确率都没有达标，或某一项偏离正常范围很多，比如只对了 30 张，我定义为"加油"。

设定了四个档次，就让"成功"更加多元化。据我的经验，"成功"是常态，"优秀"也挺多，"完美"是一种奖励，而"加油"是一种礼物，它提供给我们一次总结和改进的机会。不论是哪一种，我们都可以用平和的心态来面对，这样就更容易让训练变成乐趣！

当你用这种方式来训练，你会吸引越来越多的成功，因为成功对你来说是一种常态。

第五，"贪"是在时间上，过度努力。

有两类选手让人担心，一类是过度放纵自己，心情好就练一会儿，心情不好就偷懒睡觉，真是恨铁不成钢呀。还有一类则是过度努力，有时候熬夜训练，走路、吃饭都想着训练，甚至打着吊瓶还在训练。别人每天花 6 小时训练，他每天投入 18 小时，这样超额的努力真的好吗？

我曾经听过一个故事：从前，有一位少年，渴望练就超群的剑术，便千里迢迢来到一座仙山求教于一位高人，他问："我决心勤学苦练，请问师父需要多久方能学成下山？"师父答道："十年。"少年嫌时间太长，就说："假如我全力以赴，夜以继日，需要多长时间？"师父说："这样大概需要三十年。"少年又说："我一定要不惜一切代价，拼死拼活修炼，争取早日成功。"师父说："那么，你就得跟我学至少七十年。"少年冥思苦想，良久，终于大悟。

在时间上贪多的人，都认同一些观念："一分耕耘，一分收获""越努力越幸运""吃得苦中苦，方为人上人""只要付出不亚于任何人的努力，就一定会成功"。可是，这些真的对吗？成功并不只和"投入时间"这一个因素有关。

在训练中，高效率的状态比单纯地拼时间更有用。陈智强在初三那年参加比赛，他在训练基地练了 10 天，每天只练 3～4 小时，回学校后每天训练半小时，他在 2014 年获得了少年组中国记忆总冠军和"世界记忆大师"的荣誉。

获得两次"世界记忆总冠军"奖杯的王峰，也不是中国最勤奋的选手，2009 年他和我一起租房训练，他都是没课的时候才来，而我全天都可以训练，我比他还早练了一年，他能够超过我，也不是因为时间投入比我多。

有一些选手，在训练过程中，连中途喝口水都不敢，吃饭时在争分夺秒训练，午休时间也在训练，晚上到了 12 点依然在训练。明明已经是头晕眼花，大脑的状态像是糨糊，错误率也非常高了，还在用"笨鸟先飞，勤能补拙"来励志，抹抹风油精继续训练。文魁大脑国际战队心理教练晓雪老师在给选手培训时说："从中医来讲，心脑不分家，心脏是心的家，大脑是心的办公室，晚上睡觉之前就不要再过度用脑了，要让心神归家，我们才会更安定，安定了，第二天训练才更好！"

我相信，高效训练一小时，等于混沌训练一整天。学会劳逸结合，学会时间管理，会让"一分耕耘有十分收获"，会让我们轻轻松松就能达成目标！为什么一定要吃苦才能成功呢？享受训练的乐趣，"学海无涯乐作舟"，也是可以的！

心魔之二：嗔

"嗔"是我们对不快乐、不喜欢的东西，想要抛弃它却又丢不了，产生了愤怒和抱怨。"一念嗔心起，百万障门开"，嗔心一起，我们会用自我批评、伤害他人、冲动行为等方式，做出一些反常举动。

在训练和比赛中，我们讨厌的一是不想要的结果：失败；二是不想要的情绪，包括忌妒、恐惧、自责、紧张、焦虑、压抑、愤怒，等等。它们像挥之不去的恶魔，将我们包围着，关于负面情绪，我们下一节专门来讲解。

我们来看看对于失败的嗔念，虽然说"胜败乃兵家常事"，但我们总是奢望做"常胜将军"，可以战无不胜。然而在训练过程中，你认为的"失败"无处不在，记一副扑克可能失败，记一组数字可能失败，甚至地点桩有一个没想起来，你也定义为失败，所以如何看待失败非常重要。

失败本身并不可怕，可怕的是我们消极的自我对话。在《身心合一的奇迹力量》这本书里，作者提摩西提出，每个选手内心都有两个"自我"，一个是下达指令的"我"，称为"自我 1"，另一个是执行动作的"我"，称为"自我 2"，"自我 2"完成了动作之后，"自我 1"会习惯性地产生一系列评判，这是灾难性的。

以记忆快速扑克为例，有一次我有 10 张牌没有想起来，这时"自我 1"出来说话："哎呀，怎么错了这么多呀？""你怎么老是出错呀，你是不是笨呀？""你扑克不能全对，数字也不能全对，你准确度这么低，还怎么去比赛呀？""你万一在比赛时也这样，那不是很丢人呀，这几个月努力白费了。""我是不是不适合记忆训练，我这样去比赛，根本就成不了记忆大师。""哎呀，我以前参加其他比赛也从来没拿过奖，我是不是就不适合比赛？""我这个人是不是做什么都做不好，这辈子，哎，就注定平平庸庸了。"

这样的内心戏，每天都在上演，这是"自我 1"最擅长的，把一个独立的事件，上升到一系列事件，再联想到其他相关的情况，最后对自己做出评价。在评判之后，我们会重复命令自己要做出改变，比如"下次要记慢一点""图像要看清楚一点"，我们努力想确保自己做得正确，但是却发现，越是努力想让自己记得慢一点，反而越会影响记忆的节奏和效果，于是"自我 1"又会做出评判，让我们更加拼命地努力，进入恶性循环。

正确的做法，是提摩西提出的"顺其自然的本能学习方式"。

第一步，要不带评判意识地观察目前的行为。比如有 10 张牌没有想起来，具体是哪几个地点没想起来，是地点上完全没有图像，还是地点上有一张没想起来，只是将这些客观的结果记录下来。如果有具体的原因，比如走神了，或是追求速度没看清楚，都如实记录下来。

　　第二步，描述期待的结果。比如数字 1739 在地点桩上出现空白，只需要想象一下，如果现在你来记忆，你要怎样与地点桩联想，才会让印象更加深刻，将你想要的结果多想几遍。又如，有人在记忆数字时看错了行，不要责备自己，想象自己在训练时注意力高度集中，一行接一行都是正确的画面。

　　第三步，顺其自然，信任"自我 2"。在记忆的过程中，放下"自我 1"的控制，不要一直告诉自己"图像要看清楚一点""前面要复习一下"，而是顺其自然去记忆，按照节奏往前去推进，你的身体知道该如何进行，最终的结果也往往出人意料。我在 2009 年用 37 秒记忆一副扑克获得铜牌，感觉就是身体本能地在记忆。

　　第四步，不带评判意识地冷静观察结果，继续观察和学习。我们可以设定目标，但是在实现目标的过程中，不要掺杂情绪，要冷静地对待结果，即使是你看起来不如意的结果。最终，我们将新的模式变成本能，训练也将会变得更加轻松，因为消耗我们能量的内在对话减少了。

　　这种觉察内在对话，并且转化的方式，是非常有效的。另外，我们也要学会从不同的角度来看待失败，其实没有失败，它只是成功路上的一块石头。我在 2008 年训练时，看到出现的失误，就会告诉自己："太棒啦，又是一次成长和进步的机会！""太棒啦，还好不是在比赛时出现！"我的教练郭传威老师也经常说："要么得到，要么学到！"从每一次失败中获取某些积极的东西，并且学到一些什么，那么失败就是一份礼物啦！

　　在《超水平发挥：心理素质训练手册》这本书里，作者讲到内心强大的运动员如何看待失败：

　　必须承认，不经历偶尔的失败，人永远也没有希望变得更好；

必须明白，在通往伟大的路上，有些失败是在所难免的。当失败真的来临时，内心强大的运动员必须有意识地做出决定，从失败中学习。面对失败，他不会放弃自己，沉浸在痛苦中不能自拔，而是会通过某种方法消灭内心那个毁灭性的自责的声音，转而把失败看作对自我训练的一种有价值的反馈。

胡小玲老师 2008 年因为心理素质不好而无缘世界赛，2009 年获得了参赛资格，却没有钱去参加世界赛，2010 年差两个数字无缘"世界记忆大师"，一次次考验给她的打击很大，但她还是从失败中成长起来，2011 年继续参赛并且实现了梦想。失败给了她一份大礼，让她变得更加坚强，更加淡定，更加自信，让她的人生轨迹与众不同，也不再惧怕人生的其他失败！

心魔之三：痴

"痴"也称为"愚痴"，不明事理，是非不分，没有智慧。人家跟我们讲对的，我们以为是错的，人家跟我们讲错的，我们却以为是对的。愚痴之人总是自以为是，无法理性看事物，固化在思维定式中，甚至会觉得别人愚笨。

在记忆训练过程中，会出现以下几种类型的"痴"：

一是盲目照搬。

有些选手会找到记忆冠军，完全照搬他的数字编码，每天的训练和作息时间安排，每天的训练量，甚至每天吃什么，玩什么，都恨不得要完全复制。就拿训练量来说，30 秒记完扑克的高手，假设他每小时可以训练 15 副扑克，一个记扑克需要 3 分钟的选手，则可能要两三个小时才能训练完 15 副。高手一天 6 小时设置的训练量，这位选手则熬夜也难以完成，只能徒增焦虑。

我建议，别人的东西可以参考，但也要考虑自身的实际情况。

二是盲目求异。

有部分选手听完老师讲的方法，总会产生这样的心理："大家都用这种方法，我要是也用，顶多和他们差不多，我要研究出不一样的方法。"于是他花大量的时间研究新方法，比如记忆数字，有人用三位编码，我就研究四位编码；比如大家都是通过动作联结，我把每个编码加一个气味、声音。

我建议，初学者"先学习，再创新"，不要盲目否定已产生结果的方法。

三是钻牛角尖。

部分追求完美的选手，会执着于将编码和地点打造得最完美，有一位选手听说编码要简洁一点，就将所有编码变成三角形等基础图形，后来又听说编码用人物会更好，于是将所有编码换成人物，他花了几个月打造了很多套编码，一直没有去训练记忆。还有一位选手，地点桩拍照之后，将大量的时间用来 PS 图片，把角度、光线、大小、对比度等调到很完美，这就有点走偏了。

我认为，要放下追求完美的执念，完美是不存在的，是永无止境的黑洞。差不多准备好了，就开始训练吧，在训练中根据情况再逐步完善。

四是主次不分。

有的选手知道比赛有十大项目，就每天都把十大项目训练一遍，眉毛胡子一把抓，但每个项目都只有一点点时间，蜻蜓点水，见效甚微。还有的选手一上来就练习马拉松数字，想要挑战 1 小时记忆，而实际上他 5 分钟还记不了 40 个数字。如何平衡各个项目，安排训练的主次，这需要策略，一般情况下，初期以快速数字和扑克为主就可以了，后期才会每天额外训练一两个项目，而马拉松数字和扑克，赛前一至两个月才是训练重点，每周练习一次就差不多了。

初学者很容易主次不分，有专业教练指导，辅助制订计划，会少走很多弯路。

五是限制性信念。

我们内心认可的信念，会影响到我们的训练。比如一个人认为"扑克记忆在 1 分钟是一个坎"，他就会在这里卡住，其实根本就没有这个坎儿。

2010 年之前，有选手认为："听记英文数字对其他国家的人不公平，中国人记 100 个就是极限了。"但王峰不这样认为，他不断突破极限，在 2011 年记到了 300 个，之后中国选手不再设限，超过 300 个的选手目前有四位。

还有选手会认为："多看一遍一定记得更牢固！"这样的信念，可能会让他在比赛时，本来 5 分钟可以看两遍记忆 360 个数字，结果 5 分钟看了三至四遍，只记了 240 个数字，而且有可能还是会想不起来。

限制性信念就像是牢笼，把我们框在里面无法动弹，有时候还不自知。学会觉察并发现限制性信念，是迈向成功很重要的一步！

心魔之四：慢

"慢"指的是待人傲慢，总看不起别人。"慢"源于愚痴，由于不自知，更不知别人，所以目中无人，夜郎自大。总觉得别人不如自己，贬损他人，对那些比自己强的，也会表现出轻慢不屑的态度。

我遇见过一位选手，他整天叫嚣着："我要打败某某某，我要打破 10 项世界纪录，某某某算什么，我分分钟灭了他。""二十几秒记扑克算个啥，我以后只要几秒钟就搞定了！"这位选手训练了几年，都还没有成为"世界记忆大师"。

　　还有一位选手，自身成绩不错，准确率比较高，经常会对其他选手说："你怎么这么笨呀，你还练个什么练！""就你这样，还参加什么比赛呀，区域赛就淘汰了，别浪费钱了！""像你这样的，练几年也成不了记忆大师。"

　　南怀瑾大师说："众生的我慢与生俱来，一个人如果能去掉慢心，那就快要修到'无我'了！"王阳明先生说："古先圣人许多好处，也只是无我而已。无我自能谦，谦者众善之基，傲者众恶之魁。"简单来说，就是"别把自己太当回事"，像麦穗一样，长得越高，头垂得越低，只有放下自己，才能解脱。

　　想要消除慢心，需要内心谦下，把其他一切人都当成老师，对他们都要尊重和礼敬，而不是只对很厉害的人尊敬。一辈子当学生，以空杯的心态学习，我们才能够成长得更快。

　　现在，请跟着我做一个练习，闭上眼睛，在心里想到一些你曾经傲慢相待的人，比如你嘲笑批评的对象，在心里真诚地向他们道歉，并且想象自己给他们深深地鞠躬，如果环境允许，也可以朝他们所在的方向真实地鞠躬。在鞠躬的同时，你也可以说："对不起，请原谅我的傲慢！谢谢你，让我看到我的傲慢！"

　　还有一个练习是我从萨古鲁的书籍《内在工程》里学习到的，他说："如果你学着鞠躬，学着把一切都看得比自己高，能够弯曲的东西就折不断，你内在的一切也都是如此。"他建议我们每个小时双手合一对着某个事物鞠躬，无论对象是什么，包括树、山、小狗、石头、电脑。不一定要有身体的动作，也可以在心里鞠躬。慢慢地，将它变成你存在的方式。

心魔之五：疑

　　"疑"就是怀疑，一是不相信别人，质疑一切权威，看什么都持怀疑的眼光；二是不相信自己，前怕狼后怕虎，担心自己一事无成；三是对所做之事怀疑，对于要达成的目标，容易产生动摇之心。

有些选手会对自己的教练产生怀疑，比如怀疑教练没有把全部方法教给他，而只教给了顶尖高手，才导致他进步很小；又如怀疑教练水平不行，教练曾经在比赛时不是世界冠军，怀疑他能不能教好自己；再如怀疑教练的方法，不如其他教练的方法更前沿更独特，于是就投奔其他的教练。我遇到过换了很多个教练的选手，参加记忆大师营花了近十万元，但是最终结果不尽如人意。

有些选手会对成为记忆大师这个目标产生怀疑，他发现，有一些人成为"世界记忆大师"后，感觉也很普通，也没有上节目，也没有变富有，我成为"世界记忆大师"有意义吗？当我们训练成绩好时，这种怀疑可能会消停一会儿，当在训练中受到挫折时，我们可能就会像猪八戒，吵着要分行李回高老庄，这种怀疑有些人直到比赛完都还有。

"世界记忆大师集训营"学员刘雨凤，曾经在网上买了便宜的视频课自己训练，但成绩并不如意。她开始有些泄气了，怀疑是不是自己年龄大了，她想："我可能根本不是这块料，这是少年精英才玩得转的游戏吧！我一个中年人不好好工作，不好好带孩子，混进来瞎掺和什么？"

后来，她看到"文魁大脑国际战队"45岁的环卫工人张闯成为"国际记忆大师"的文章，顿时放下了疑心，报名集训营跟着胡小玲老师训练，并且在2020年成为"国际记忆大师"。她在赛后总结里说："曾经的那些自以为是的不可能，只是个人的糊涂臆测。只有勇敢地打败潜藏于心的那个胆怯懦弱的小人，才有可能唤出心中的猛虎，成就更强大的自我。"

放下怀疑，全心投入，我们会有意想不到的收获！

第二节
影响记忆状态的三大情绪

　　哈佛医学院心理专家的著作《成功者的大脑》，将"情绪平衡"列为成功者的七大要素之一，书中说："成功者能够识别出并预期到自己和其他人的情绪反应，因此他们能够根据特定的环境而产生、停止或调整情绪。"

　　美国著名心理学教授大卫·R.霍金斯博士进行了三十多年科学研究后，公布了"意识能量层级图谱"（如下图），它在《意念力》一书里被详细讲解。200能量层级"勇气"是意识状态的分水岭，200振幅以下是负面频率的代表，比如骄傲是175，愤怒是150，欲望是125，恐惧是100，最低频的是羞愧，只有20。长期处于负面情绪状态下，会妨害个人成长，导致身心疾病，影响大脑潜能发挥。

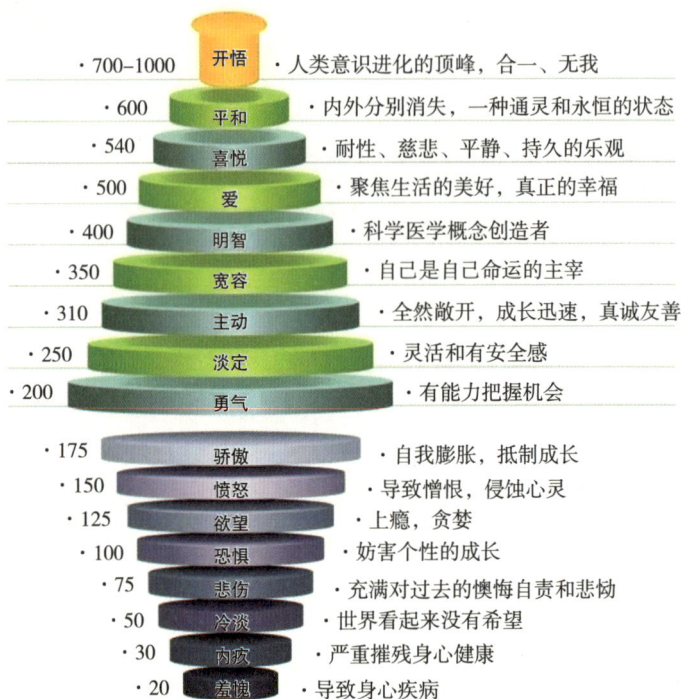

- 700-1000 **开悟** · 人类意识进化的顶峰，合一、无我
- 600 **平和** · 内外分别消失，一种通灵和永恒的状态
- 540 **喜悦** · 耐性、慈悲、平静、持久的乐观
- 500 **爱** · 聚焦生活的美好，真正的幸福
- 400 **明智** · 科学医学概念创造者
- 350 **宽容** · 自己是自己命运的主宰
- 310 **主动** · 全然敞开，成长迅速，真诚友善
- 250 **淡定** · 灵活和有安全感
- 200 **勇气** · 有能力把握机会
- 175 **骄傲** · 自我膨胀，抵制成长
- 150 **愤怒** · 导致憎恨，侵蚀心灵
- 125 **欲望** · 上瘾，贪婪
- 100 **恐惧** · 妨害个性的成长
- 75 **悲伤** · 充满对过去的懊悔自责和悲恸
- 50 **冷淡** · 世界看起来没有希望
- 30 **内疚** · 严重摧残身心健康
- 20 **羞愧** · 导致身心疾病

我发觉，影响训练的情绪非常多，以下三种负面情绪我来重点讲解：

负面情绪之一：忌妒

莎士比亚说："您要留心忌妒啊，那是一个绿眼的妖魔！"

有些选手比较争强好胜，会忌妒成绩比自己好、进步比自己快的选手，因为丧失了自身的优越感，减弱了竞争力，感觉到羞愧、愤怒、怨恨。比如有选手拿了奖，而自己却非常糟糕，就很生气："有什么好得意的？不就是拿了个破奖吗？"甚至还有人会故意使坏，虚假举报别人作弊，到处传播流言蜚语，用错误方法误导别人训练，引诱别人吃影响训练的食物等，这些都有失于德。

克服忌妒，第一种方式是要觉察自己在忌妒，在心里告诉自己："我此刻生起了忌妒心。"当你抵制一种情绪时，往往你给了它很多的能量。相反，若你接受了一种情绪，就是在给它传递爱与理解的能量，这种情绪反而会慢慢消融。就好像一个小朋友在哭泣，你生气地大吼："哭什么哭，给我停下来！停！停！不许哭！"小朋友只会哭得更厉害，但如果你允许他哭一会儿，听他表达自己的情绪，他可能很快就会停下哭泣。对待任何情绪，都要像对待孩子一样。

《活在喜悦中》这本书里说："忌妒使得忌妒者与被占有者双方都失去了自由。如果你给了自己所需要的——也许是关注、爱或其他东西——那么你将不会忌妒别人。忌妒暗示着缺乏，即你所有的是不够的。自由暗示着丰盛，即你是充足的。"当我们接纳忌妒的自己，并且给自己更多的爱与关注，我们便不会在外在投入太多的忌妒。

第二种方式是理性看待忌妒，我们忌妒别人，一般是别人拥有了我们没有的东西，我们也奢望成为别人那样的人。想想看，如果你仇恨富人，认为"为富不仁""有钱人都不是好东西"，但你内心里又想成为富人，你的潜意识就很矛盾呀，你想成为的人就是你仇恨的人，你给未来的自己投入的是抗拒的能量，那你怎么可能会成为富人呢？

露易丝·海在《生命的重建》里说："不要浪费时间在怨恨或忌妒别人拥有的比你多，因为这样一来，你只是在拖延自己的富足。你只要照顾好自己的思想，祝福别人的好运，并明白人人都能得到富足即可。"用在记忆训练中，就是每当别人成绩进步时，真心为别人感到高兴，就像他是你自己一样。

第三种方式是放下比较和竞争。"外面没有别人，只有你自己。"这句话来自张德芬的《遇见未知的自己》这本书。赛场上也没有别人，只有你自己，要成为记忆大师并不需要你和别人竞争，你只需要达到相应的标准就可以了，你只需要战胜你的心魔就可以了。别人的成绩如何，与你没有任何关系，因此可以风轻云淡地看待，而不会陷入忌妒之中了。

陈智强在 2014 年参加中国赛前，一直想超越某位选手。在训练时，经常会听到他说："我要打败某某某，打败某某某！"但是在比赛前，他突然告诉我："我一直都在想我一定要超过那个人，我那时就认定了他是我的对手。但是现在我觉得他并不是我真正的对手，我的对手在哪里？就在我心里！只要战胜我心里的那个我，我就能获胜，我就能创造奇迹。那时，超越的将不仅仅是他。"最终，他成了中国赛少年组总冠军！

负面情绪之二：恐惧

恐惧会让人紧张、疑惑和焦虑，让人失去方向感和专注力，让我们将注意力放在负面的事情上，从而变得过度谨慎，甚至想要逃避和放弃。

在记忆训练过程中，有些选手会因为某些项目经常出错，就产生恐惧心理，连碰都不敢碰那个项目。还有些选手，在比赛前因为恐惧，导致什么东西都记不住，害怕在比赛时很糟糕，于是干脆放弃比赛。

在《超水平发挥：心理素质训练手册》这本书里，利奥泰说道："冠军们明白只有在自己放任恐惧发展的情况下，恐惧才会变得非常强大。重要的也是有必要做的一点是收回这种情绪的能量。对于勇士和冠军来说，他们会通过让自己回到当下来实现这一点。最容易的方式便是密切注意你的呼吸。一旦回到当下，你便必须直面恐惧。

"问问自己是什么让你如此害怕？然后理性地面对它，降服你的恐惧。你必须在动手完成目标之前这样做。回想自己过去的成功时刻，或者训练中的成功，这样可以帮助你驱散恐惧。回想自己平时表现得有多好，自己有多热爱这项运动、比赛以及它所带来的挑战，或者自己在工作上的表现有多好，也证明是有帮助的。接下来，必须制定一项策略，然后勇往直前地去迎接挑战，不管有多恐惧。"

我带的一位选手王雪冰，在区域赛前陷入恐惧中，她在比赛前感觉什么也记不住，感觉比完赛就可以直接回家了。她当时问我怎么办？我开玩笑地在微信上说："放轻松一点，OK？"她当时还以为我放弃她了，于是干脆放弃了期待，比成什么样就什么样吧。

但是，她尝试做深呼吸，直面恐惧，并决定采取以下策略：

第一是每天保持最低的训练量，即使再难过也要坚持训练。

第二是去观察自己的心态，知道什么时候容易产生负面情绪，和内在的自己进行沟通，邀请她协同合作。

第三是给内心留出足够的空间让它发挥，每天留出一个小时去画画、打乒乓球或散步，让感官从紧绷的记忆训练环境中抽身出来，让自己放松下来。

最终，2016年她在区域赛中成为武汉赛区全场总亚军，并且在当年获得了"国际记忆大师"称号。

除了她的方法外，运用内在小孩的冥想，也可以帮助我们缓解恐惧。我在2019年重归赛场，电影《激战》里"怕输，你就会输一辈子"这句台词给我很多的力量。然而在台湾赛第一场比赛之前，吃早餐时内心很恐惧，会担心别人怎么看我，害怕比差了被选手们笑话，甚至动念想要找借口放弃比赛。

我当时做了一个简单的冥想，想象内心里出现了恐惧的小孩，他蜷缩在一个黑暗的角落，正在瑟瑟发抖，眼睛不敢直视，我走过去，静静地陪伴他，和他拥抱在一起，告诉他："我会一直陪伴你，我们一起勇敢前行！只要走进赛场，就是成功！"然后，我为他传送爱的光芒，将他全身都照亮。他的脸上慢慢绽放出笑容，眼睛里也有了光。

这让我鼓起勇气走进了赛场，那次比赛，化解内在的恐惧是我参赛的目标，也是我最大的收获，远比我获得的奖牌要珍贵。

负面情绪之三：焦虑

焦虑是个人对即将来临的、可能会造成的危险或威胁所产生的紧张、不安、忧虑、烦恼等不愉快的复杂情绪状态。在比赛训练中，这种焦虑常常与比赛时间临近、成绩不理想、外界有干扰、生活有负担等有关，比如有的选手是辞职来训练，而且家人也不支持，投入了几个月时间，总想着万一没成功怎么办，遇到平时训练不顺心时，就更会让他处于焦虑状态。

偶尔的焦虑还没什么，要是长期处于焦虑状态，可能会导致训练时心神不宁，各种杂念都会冒出来，而且寝食难安，失眠多梦，白天很难有好的状态训练，训练的结果就不太理想，这就是一个恶性循环，最终会让选手选择放弃。

在"世界记忆大师集训营"里，选手张鑫平时训练进步挺快，但比赛前却进步很小，越练越苦恼、越感到焦虑。当时担任教练的吕柯姣老师采取了"觉察心魔、抽离并接纳、根源上解决"三个步骤，帮助他进行了疏导和转化。

这位选手觉察到他的内在对话："喂，快看！你离比赛的目标还很远呢，这可怎么办呀？""怎么回事啊，平时训练都好好的，怎么到了比赛跟前这么吃力，加大训练量也没什么进步。""今天必须要提升啊，这样才能有机会达到目标。""又没进步啊，这下要完了，眼看就要比赛了，急死人了……"这些内在的对话让他表现得很焦虑。

接着，他将自己从中抽离出来，以旁观者的角度来看待。在接纳了自己的焦虑状态后，他开始寻找背后的原因：他平时训练不错，所以给区域赛定了高目标，想要夺得一定的名次，这样让自己压力很大。他于是调整了目标，端正了心态，决定只是安心于每一天的训练。没想到的是，他的焦虑消失之后，第二天很多项目的成绩一下子突破了，张鑫当年也如愿获得了"国际记忆大师"称号。

另外，在《如何放松自己：实用心理减压自助手册》这本书里，有一个风险评估表，可供我们理性看待并转化焦虑之事。我们先要写下一件让自己焦虑的事，然后写出自己担心的后果，并且给这个打分，100 代表最高的焦虑水平，之后再预测一下情景发生的概率，从根本不可能到根本不可避免（100%）。这里，我就以某位选手为能否入围中国赛焦虑为例，看看表格如何填写。

风险评估表

害怕发生的事：

区域赛不能入围中国赛。

习惯性想法：

平时训练成绩不太好，而重要的比赛会很紧张，发挥不出自己的水平，会比得很糟糕。别人都比自己训练得好，高手非常多，自己入围概率低。

焦虑分值（0 ~ 100 分）： 80

事情发生的概率（0 ~ 100%）： 70%

设想最坏的后果，预料最坏的可能：

比赛时心理崩盘了，什么都记不住，好多项目都没分数，排名很靠后，没有入围到中国赛，很多人会嘲笑我，队友会瞧不起我，家人会打击我，我以后都没脸见人了，我是一个十足的失败者。

可行的应对之策：

就把这次比赛当作练兵，去感受比赛是怎么回事，为明年的比赛做好准备。好多记忆大师也是几年才成功的，也没有什么好丢脸的。而且，我还可以去参加其他的记忆比赛，比如亚洲记忆运动会，也有机会晋级的。

重新预测后果：

即使没有入围，也只是一次尝试而已，并不能代表我是失败者。胜败乃兵家常事嘛，而且从失败中也可以学到很多有价值的东西。我的家人和队友，也会一直支持我的梦想，为我加油的。

重新评估焦虑分值（0～100分）： <u>40</u>

证实最坏的后果不可能发生：

我在训练基地最好的成绩是2800分，最差的时候也有2000分，按照往年的话，即使是最差的成绩也可以入围。我哪怕保稳少记一点，要入围也是可以的，如果我都不能入围的话，那会有一大批人都入不了围。

其他可能的后果：

可能结果比我预想得还要好，说不定还会拿奖杯呢。也可能我没能入围，但勤加练习之后，去参加其他的记忆比赛，获得了直接保送世界赛的资格。

重新评估焦虑分值（0～100分）： <u>20</u>

重新预测事情发生概率（0～100%）： <u>30%</u>

通过填写这个表格，选手的焦虑值大大降低了，在比赛时也超常发挥。

除了以上的方法，我再分享四个小技巧：

一是设定一个焦虑时间，比如每天设定 30 分钟，你所有担忧的事情，可以在这个时间点尽情地担忧。如果在训练时间，就告诉自己："现在是训练时间哦，到了焦虑时间我再好好陪你哦！"到了焦虑时间，一定要守约哦！一段时间之后，可能焦虑时间会越来越短，就可以将其取消了。

二是写出你的焦虑事件，可以静坐之后，将脑海中所有担忧的念头，全部写出来，写的时候不用管标点、语法、字迹，尽情地将全部念头写完。然后去看看，哪些拖延的事件可以马上处理，哪些不必要的担忧可以立即放下。有时候，一个焦虑事件可能是买火车票、回一条微信或者和某人打个电话，但拖延让我们焦虑。

三是发散思维解决焦虑，将你的焦虑问题写出来后，尽可能多地写出解决方案，然后评估每个方案的可行性，将马上就可以做的事情打"√"，然后写下这些事情的完成期限，将其做完之后，再去做打"？"的有执行难度的事情。这样分解之后，处理起来就没有那么焦虑了。

四是运用冥想与精油缓解焦虑。世界记忆锦标赛®总冠军多米尼克先生建议我们挑取一段积极的记忆来冥想，比如烛光晚餐、浪漫日落，让自己沐浴在那种氛围之中。还可以想象呼气时对着气球吹气，将你的焦虑等负面情绪充满气球，然后将这个气球放走。他在每次比赛时还会带一瓶柠檬精油，它的气味会让他平静下来，60多岁的他依然活跃在赛场，每次比赛都那么淡定从容。

第三节
提升记忆效果的五大力量

经常有人问我，成为记忆大师的人有哪些品质？什么是他们成功的原因？我认为除了技法之外，有五大力量也会帮助他们，它们分别是信念的力量、定静的力量、精进的力量、正念的力量以及智慧的力量。它们能帮助我们对抗五大心魔和负面情绪，挖掘大脑和心灵的潜能，在训练中更快地进步。

第一种力量：信念的力量

"信念"一词兼有"信心"和"信任"的意思，因为它来自人的内在，而非指向外在的东西。马云曾说："大部分人，他们在看见之后才会相信，非常少的人，他们先相信，然后看见，这群人被称为领袖。你必须先相信，然后你才能看见未来。"

我 2009 年带王峰时，他在暑期集训取得一定进步后问我："如果我非常努力训练三个月，可以成为'世界记忆大师'吗？"我非常坚定地告诉他："一定可以的！"王峰相信了，并且埋头在家里练习，当时家人和朋友不理解，但他告诉自己："我一定要用我的毅力将这条并非平坦的道路上的荆棘踏平，用我的毅力支撑我将这条人烟稀少的道路走到底。"

　　到国庆中国赛时，他排名中国第二，仅次于我，他问我："如果我再努力一个月，在世界赛场上可以排名前十吗？"我非常坚定地说："没问题，一定能行！"因为我在前一年排名世界第11名。后来，郭传威老师和王峰电话交流了半小时，并相信他可以夺得世界前五，还可以打破纪录。王峰挂完电话后笑着说："本来想偷个懒，拿个记忆大师和前十就可以了，现在要更加努力冲刺前五啦！"

　　在11月的世界赛中，王峰果真打破了马拉松数字的纪录，快速扑克牌获得了金牌，总分排名世界第五、中国第一，这真是信念产生的奇迹！

　　当时，我分析他的成绩，还有几个弱项，而优势项目还有潜力，我就预估他明年可以成为总冠军，队友们也对他非常有信心。他在2010年备战时，听记数字等项目不断刷新纪录，信心越来越足，然而德国选手马劳以提高1000多分的成绩创造了新的世界总分纪录，成为王峰夺冠的最大阻碍，国外选手也认为王峰不可能两年就成为世界第一。但我们依然坚信，王峰可以创造奇迹，成为新的世界记忆之王。经过艰难的拉锯战，他心态很稳地成功了，成为亚洲十九年来第一位世界记忆总冠军，这又是一次奇迹！

　　之后，我们还有一个愿望未实现，就是中国能够获得国家团队第一名，这需要比较当场比赛这个国家前三名选手的总成绩。在2011年，我有一种强烈的信念，我们将很快做到这一点。当我们信念足够坚定时，便会激发出一股极为强大的能量，全世界都会为我们让步。那年10月，很多选手训练还很一般，我当时告诉他们："武汉的水平就代表中国的水平，中国的水平就代表世界的水平，你们一定可以创造奇迹！"那一年，出于种种原因，我们如愿了，我所在的战队包揽了世界前九名，并且夺得国家冠军奖，这是再一次显现的奇迹！

我最近几年接触到一篇文章，讲到"17秒纯念"理论，它提出：17秒是思想变成物质的临界点，如果你能够聚焦于你所想要的超过17秒，而且是没有任何杂念，那么你的目标实现将加速；如果能够达到68秒，并且在想起你的愿望时保持一种放任的状态，各种因缘会促成这件事情轻松地达成。

那什么是"纯念"？就是提出一个想法而没有自我推翻的后续想法。大部分人的思想都习惯了自我推翻，每当他们说他们想要一样东西，下一句就马上解释为什么他们无法得到它，并且列举出种种事实依据来支撑这个说法，这样做正是一种对实现愿望的自我推翻与破坏。

在他们的念头中，最典型的句式就是"我要……，但是……"比如：

我想成为世界记忆大师，但是我年龄太大了。

我想成为世界记忆大师，但是我的学历不高。

我想成为世界记忆大师，但是我的家境不好。

我想成为世界记忆大师，但是我是农村娃。

我想成为世界记忆大师，但是我是家庭主妇。

我想成为世界记忆大师，但是我身有残疾。

我想成为世界记忆大师，但是我是个普通人。

"我要"是一种推动力，"但是"就是反作用力，此时相互的能量抵消了，你就会很难前进。就好比小孩找父亲要钱，他一会儿说："爸爸，给我100块钱。"马上又说，"爸爸，我不要了！"过一会儿又说，"爸爸，给我100块钱。"然后又说，"爸爸，我不要了！"爸爸觉得你是要他的吧，他就干脆像看热闹一样，在旁边观望着，等你做好决定。

想要推翻"但是"，可以尝试举出反例，比如"我年龄太大了"，比赛中连 90 岁的选手都有呢，还有 45 岁获得"世界记忆大师"的张闯等选手。比如"我的学历不高"，比赛中获奖的中专生、大专生也有一些，还有很多小学生都成功了。比如"我身有残疾"，曾经世界第一的马劳以及我的学生孙小辉，都是小儿麻痹症患者，推扑克牌非常不方便，但不妨碍他们在比赛里成绩优异，这几年有一位选手叫尹维，也是身残志坚，坐着轮椅在赛场竞技。

接下来，我们把你心中的"但是"都写下来，然后尝试写出至少一个反例，或者想办法证明它是荒谬的吧。

我想成为世界记忆大师，但是 _____。

推翻：_____。

我想成为世界记忆大师，但是 _____。

推翻：_____。

我想成为世界记忆大师，但是 _____。

推翻：_____。

我想成为世界记忆大师，但是 _____。

推翻：_____。

我想成为世界记忆大师，但是 _____。

推翻：_____。

《活在喜悦中》这本书里说："不论你要求什么，可能你必须要释放掉一些什么才能得到它。当你内在的能量被改变时，当你的程序和决定、和信念都重新改写之后，一些观念、创意将会开始流动，你将创造你想要的。"

我们再来做一个练习，把这个句式变为：

我可以成为世界记忆大师，因为 _____。

例如，因为我有毅力，因为我热爱记忆，因为我专注力好，因为我心理素质好，因为我有名师指导，因为我是文魁大脑国际战队的一员……将你能够想到的，全部写下来吧。

我可以成为世界记忆大师，因为＿＿＿＿＿。

我可以成为世界记忆大师，因为＿＿＿＿＿。

我可以成为世界记忆大师，因为＿＿＿＿＿。

我可以成为世界记忆大师，因为＿＿＿＿＿。

我可以成为世界记忆大师，因为＿＿＿＿＿。

接下来，带着这样的感觉，请你来做一个"17秒纯念"的冥想：

现在，请你找一个安静的地方，闭上你的眼睛，做几次深呼吸，让自己的心静下来，随着你的每一次呼吸，你会越来越平静，越来越放松。

现在，在你的脑海中想象，你此刻在世界记忆锦标赛®现场，你已经获得"世界记忆大师"证书，此刻你看看周围，有哪些人，他们在做什么？你看到有人在为你鼓掌，有人给你拍照，有人给你献花。你听到了什么？欢呼声、呐喊声，还是你的心怦怦跳的声音？

你此刻感觉如何？去感受那份喜悦、兴奋、激动的心情，想象你沉浸在这种感觉里，一切都那么真实，那么美好。如果脑海中有其他杂念出来，觉察到它，并且回到美好的感觉里面。尝试在这种感觉里待上至少68秒，如果能待上几分钟，也是非常好的。

接下来，慢慢睁开眼睛，把这种感觉留在心里，它会潜移默化地影响我们。

如果你以后想起来，还可以再多做几次这种练习，让我们的信念变得更坚定，强大的自我信念会激发出强大的能量，让奇迹轻松发生！有很多记忆比赛选手，平时一次也没有达到记忆大师的标准，但是他们坚信自己，最终在比赛时得以成功！

第二种力量：定静的力量

《大学》有云："知止而后有定，定而后能静，静而后能安，安而后能虑，虑而后能得。""知止"的意思是知道我们的方向和想要达到的境界，当我们越来越清晰自己的目标时，我们就能够把心安定下来，当心安定的时候，我们才能够安静、专注地做事情，最终才能得到想要的东西。

2008 年 5 月，我来到广州进行训练后，我告诉自己，这半年就是要专心训练比赛项目，其他任何事情都不再重要。从那之后，我的世界仿佛宁静了，在广东省科技图书馆，我早上 9 点进去，晚上 9 点出来，除了吃饭、睡觉，其他时间都在训练。生活变得非常规律，内心也开始更有力量，成绩进步得很快。最终，我也如愿有所"得"。

我在这里分享两个冥想，对我们运用定静的力量很有帮助。第一个冥想叫"接地的冥想"，它选自心灵意识导师莎克蒂·高文的书籍《冥想：创造你梦想的生活》，在微信公众号"袁文魁"（ID：yuanwenkui1985）回复"接地"，可以听到冥想引导师向慧的音频引导。

（文魁大脑国际战队思维导图分队导师 庄晓娟 绘图）

在冥想中我们吸收两股能量，来自宇宙的能量，是仰望星空、奇思异想的能量；来自大地的能量，是脚踏实地、专注行动的能量。通过这个冥想，可以让两股能量达到平衡，让我们心怀梦想的同时，能够在静定中将梦想变成现实。

第二个冥想，叫作"心灵居所"，在微信公众号"袁文魁"（ID：yuanwenkui1985）回复"心灵居所"，可以听到冥想引导师向慧的音频引导。我们可以在心里创造一个秘密花园，在那里你很安全也很放松，它会给你能量的滋养。下面这张庄晓娟老师绘制的图，供你参考：

（文魁大脑国际战队思维导图分队导师 庄晓娟 绘图）

第三种力量：精进的力量

精进是指克服倦怠心理，以坚定的意志力战胜困难，对于向善的事情坚决修行，从而永无止境地完善自己。在这里分享四种精进的境界。

第一种精进是勇猛精进，如同一个战士般去战斗，勇往直前，无所畏惧。《超水平发挥》这本书里说："你必须找到自己心中的勇士。想要成为冠军，你必须首先表现得像个冠军。"我很欣赏我的学生陈智强，他面对比赛从来不恐惧，在《最强大脑》上他备受争议，却一次次勇敢地迎战强大的对手。成为"全球脑王"之后，他还经常去参加各种记忆比赛，准备时间很少，但他丝毫没有"全球脑王"的包袱，一点不担心比得不好会丢脸，他无所畏惧的精神感染了我。

第二种精进是无怠精进，就是训练不能懈怠，不能有拖延症，不能贪图享受。有位读者曾给我发微信："我老想着躺在沙发上刷手机，就是不想训练，这怎么办呀？"确实，刷手机很舒服，而训练则要动脑筋，于是就会拖延："我再刷 10 分钟再训练。""还不过瘾，我就再看一集电视剧！""没事，我上午休息好了，下午再训练。""哎呀，下午也没训练，明天一定训练！"就这样，我们可能几天不训练，慢慢就放弃了。学会自律，立即行动，这是成功的优秀品质。

第三种精进是无退精进，遭遇困难的处境能坚忍不屈，继续坚持不懈。我带的一位选手周美娟，真的是非常不容易，2014 年至 2016 年她连续比了三年，遇到的困难包括生存的压力，连吃饭的钱都不够，父母不支持她，患有颈椎病、肩周炎、腰疼等疾病，疼得睡不好也训练不好，心理素质非常差，在比赛前她的三次模拟赛，最高分才 1800 分，她还是选择要去新加坡。到了比马拉松数字时，因为贫血她晕倒了，眼睛睁不开，全身没力气，好在队友黄华基的妈妈是医护人员，给她掐人中等穴位，再补充了一点营养，她才坚持完成比赛。最后一项，她调整好心态，51 秒记对了扑克，总分刚刚过了 3000 分，奇迹般地成为"国际记忆大师"。她有一万个理由放弃，但她没有退缩，我为她点赞！

第四种精进是无足精进，就是永无止境的精进，不断探索自己的极限。中国大部分记忆选手，目标是拿到"国际记忆大师"，属于昙花一现型的选手。在成功之后依然坚持精进的，都是非常难能可贵的。国外的很多记忆大师，有些人活跃在赛场十多年时间，比如马劳、西蒙、老本等，中国也有一些坚持比赛的选手，比如焦典，连续参赛已经有五年时间，"国际记忆大师"证书有四张，他希望自己能够一直比下去，为他的无足精进比个心！

第四种力量：正念的力量

正念是一种活在当下的能量。一行禅师在《正念的奇迹》里说："专注工作，保持警觉和清醒，准备好应对任何可能发生的状况，随机应变，这就是正念。正念可以瞬间召回我们涣散的心，使它恢复完整，这样，我们就可以过好生命中的每一分钟。"正念的核心就是集中注意力，对当下所做的事保持觉知。

如今，正念在西方国家非常流行，哈佛、牛津等名校都有正念研究中心，一些世界 500 强企业纷纷引进正念，帮助员工更好地减压，达到最佳的大脑状态。研究显示，大脑会随着正念训练和体验而有所改变，除了可以减少注意力分散的情况外，更有助于增强脑部认知的控制能力，还有助于提升学习力及记忆力，能有效促进大脑转向积极状态，令我们勇往直前，面对挑战。

我曾参加中国台湾温宗堃老师和美国卡巴金博士的正念课程，也将其引入"大脑赋能精品班""世界记忆大师集训营"等课程里面，帮助学员更好地为大脑赋能，让生命绽放。

我们每天都会走路和吃饭，有些人一边吃饭一边看手机，或者一边吃饭一边想着各种事情，我们此时就是"失念"状态。如果我们在走路时只是走路，吃饭时只是吃饭，时刻保持着觉知，就是在当下的状态。

在正念训练里，最基础的练习是"正念呼吸"，呼吸之时，如果你察觉到正在呼吸，那么这就是正念呼吸。在英国 DK 出版社编著的《正念：专注内心思考的艺术》里，有一段"5 分钟专注呼吸冥想"的引导，我将其进行了适当的简化：

1. 选择一把舒适的椅子坐下，双脚自然平放在地上。

2. 闭上双眼，双手放于大腿上，双腿是否并拢无关紧要。

3. 放松身体，抚平思绪。同时，保持警觉清醒。

4. 现在专注于你的呼吸。在感觉最明显的时候，集中精神于每一次吸气呼气。有些人发现，最有效的方法是关注腹部的起伏，但其他人选择关注鼻腔里进进出出的气息。

5. 正常呼吸，像你生命中每时每刻的呼吸一样——不要尝试深呼吸。此刻你要做的就是将思绪集中于你早已认为理所当然的事情——一个从你生命伊始就已成为你经历的一部分的自然过程。

6. 如果你的思绪游离，就将注意力慢慢拉回到你的呼吸上面。进行呼吸冥想大约 5 分钟后，睁开双眼，重新接收周围的画面。

这个正念呼吸训练，可以在我们记忆训练的间隙进行。它可以让我们回归到当下，身心合一，而这也是训练记忆所必需的。

同样，我们也可以正念地训练记忆。有些人在记忆的过程中，会突然担心："前面的是不是没有记住，要不要复习一下？"有时会得意："这次感觉记得不错呀，看来有希望破个人纪录。"还有的时候，可能会有各种杂念出来，比如："刚才女朋友发了微信，不知道是不是有急事？万一没回复，她会不会生气？""哎呀，肚子好像饿了，等会儿去哪里吃饭呢？吃什么好呢？"

我们的大脑自动产生这些念头，它们包括担忧未来、后悔过去、计划、评判，等等。在记忆过程中保持觉察，出现这些念头，只是看到它们，让它们如云朵一般轻轻地飘走，不要钻进云朵里被它带跑。同时，也不要给自己评判："哎呀，又走神了，我怎么老是这样？""哎呀，完了完了，这次肯定很糟糕！"只是看到你走神了，然后把自己拉回来就好。

在这个过程中，你也可以通过心里的词语提醒自己正念，比如一旦看到自己走神了，就默念"正念"，然后回归到正轨上。《深夜加油站遇见苏格拉底》是我推荐选手必看的电影，讲述了一个体操运动员由浮躁、焦虑到身心合一夺得冠军的故事，最后这一段对话我很喜欢，分享给大家。

队友汤米：你的能耐超出我们所有人的实力，你很清楚吧？这件事简直就是奇迹，不管你学到什么，无论那个人教你什么，可以分我一点魔法吗？

丹：这不是魔法，汤米，只要抛开心中的杂念，不要想自己可能做不到，只要上去，专心做好每个动作就好，不要想夺金，别理你爸怎么说，什么都别想，全身心投入那一刻就好。

"全身心投入那一刻"，这就是"正念"，这也是所有记忆大师成功的秘诀！

第五种力量：智慧的力量

智慧是什么？智慧不等于聪明，它并不在书本里，也不在别人身上，真正的智慧在我们自身之中，每个人都有一本巨大的"智慧之书"。如果你能够打开这本书，让智慧的光芒射出来，就会让我们更好地去应对、去思考、去爱、去生活、去训练，让我们可以告别愚痴，全然地接受生活中的一切。

如何打开这本"智慧之书"？我们来做一个冥想，请在微信公众号"袁文魁"（ID：yuanwenkui1985）回复"智慧之书冥想"来获取冥想引导师向慧的引导音频。

做完之后，请写下你提出的问题以及获得的指引吧。

我的提问：_____。

智慧指引：_____。

我的提问：_____。
智慧指引：_____。

我的提问：_____。
智慧指引：_____。

　　我有一位学员在冥想中提问："我能练好扑克吗？"她看到的画面是一颗正在闪光的爱心，然后是一棵正在扎根的大树，她分享她获得的指引："我觉得这是告诉我，要对记忆扑克投入更多的爱，并且不断向下扎根，脚踏实地。获得这个指引，让我更加安定，加油训练就好！"

　　有一位学员家长，她提问："我要投入记忆训练中吗？我在未来怎样和老公度过幸福的生活？"她看到的画面是，她和老公都白发苍苍了，她在教老公练习记忆法，预防老年痴呆，两个人一起很开心。于是，她坚定了信心，决定和孩子一起来训练记忆法，而不只是督促孩子练习。

　　在我们日常训练过程中，有些问题，教练会给我们一些参考，有些问题，可能不只是和技法有关，而且和我们自己有关，别人的答案，可能无法完全适合我们。这时候，请用上面的方式获得智慧的指引，帮助你更好地突破难关。

　　五种力量我分享完毕了，分别是信念的力量、定静的力量、精进的力量、正念的力量以及智慧的力量，可以挑取字头变成"信定精正智"，谐音为"信定精政治"，可以解释为相信一定会精通政治，这样就容易记住了。不过，记不记住并不重要，重要的是，能够在践行中活出这五种力量！

第四节
比赛超常发挥的四个秘诀

比赛的结果，一般有三种情况：发挥失常、正常发挥、超常发挥！不能 100% 发挥出平时训练的水平，这是常态，即使是 2010 年获得总冠军的王峰，也只发挥出来 80% ～ 90% 的水平，其实也算"发挥失常"。能够在比赛里"正常发挥"，已经是万幸，如果能够"超常发挥"，就得谢天谢地了。

我在 2009 年比赛时，前面九个项目都很一般，但我坚信："下一个项目会更好！"当时第一次就挑战"一遍过"，没想到 37 秒全对了，对于平时准确率不是很高的我而言，这算是"超常发挥"！

我们经常会说一句话："如有神助！"怎样才能有"神"助呢？我分享这十年来总结出来的"超常发挥"的四个秘诀。

一、放下小我的得失成败

如果我们参加记忆比赛的目的，就只是积累更多的奖牌、奖杯，满足个人的虚荣，并且去赚取一大笔钱，最终的结果可能不会太理想。有些记忆选手抱着这样的心态比了很多年，总是和期待的成绩差那么一点点。

　　《意念力》这本书里，作者在做人体运动学实验后发现：如果要求一个魁梧的运动员满怀希望地去击败他的对手，或者想要成为一个明星，抑或赚一大笔钱，我们会看到他会变得虚弱无力，我们可以轻而易举地将他受过专业训练的、肌肉发达的胳膊放下来。还是这个运动员，如果他心里想着祖国或者运动的荣誉，想着将他的成绩奉献给某个他爱的人，或者想着为了追求卓越而付出的最大努力带来的纯粹快乐，他就会变得孔武有力，即使拼尽全力也无法使他的胳膊跌落下来。

　　王峰 2010 年获得总冠军后，很多人劝他："你已经是总冠军了，见好就收吧！"但王峰还有一些心愿未实现，一是想要继续打破人类的极限，二是想要为中国夺得国家团队冠军奖。2011 年他继续训练，再次打破多项世界纪录，总分达到比赛有史以来最高分，也和刘苏、李威一起，为中国首次夺得了国家团队冠军奖。他心里想着国家的荣誉，上天也助他不断地梦想成真！

　　当然，有些选手可能会说，我达不到挑战记忆极限的水平，我顶多只能拿一个"国际记忆大师"证，对其他人没有什么帮助。其实并不是这样，比如"文魁大脑国际战队"的张闯，做了十年环卫工人，他是为了女儿来参加比赛的，当他成功时，她的女儿、外甥等都主动找他学习，女儿后来考取了不错的高中，他整个家庭的命运都改变了，而且很多人都被他的故事感动，开启了记忆训练之旅。

　　我们每个人都是一盏灯，都可以点亮另一盏灯，不论你的灯光有多小，都要相信，你挑战障碍赢得成功的过程，会激励更多的人！你很重要，当你在比赛里全力以赴实现梦想，你就在改变这个世界！

二、能量守护冥想

每年记忆比赛时，"文魁大脑国际战队"总教练胡小玲老师，都会为选手们录制"能量守护冥想"，同时教练们会在赛场外为选手冥想来加持能量。

请在微信公众号"袁文魁"（ID：yuanwenkui1985）回复"比赛冥想"，就可以听到了！不仅是参加记忆比赛有用，各种考试都可以用起来！

三、感恩的能量

世界上有一种强大的能量就是"感恩"，一个人心中有多少"恩"，就有多少"福"！自己与世界、与国家、与父母、与恩师、与他人的关系，决定着我们自己的状态和未来的发展，感恩可以让我们的关系管道畅通。

我们还可以"提前感恩"，想象此刻你已经梦想成真，找到你已经成功的那种感觉，然后感恩所有帮助你的人、事物，包括教练、队友、父母、裁判、志愿者、记忆书籍、训练试题、扑克牌、计时器、比赛场地、采访你的媒体等，也要记得感谢宇宙神奇的力量以及你自己哦！

提前写一份感恩清单，把你的感恩写下来，也会给你带来神奇的力量！

四、"零极限"的清理

从 2014 年起，我每次在比赛之前，都会把选手的名字写在一张纸上，然后用"零极限"的方式做清理。很简单，只需要说："对不起，请原谅，谢谢你，我爱你。"这些年来，选手们的成绩都有很多意想不到的奇迹！

　　什么叫"零极限"的状态？就是没有期待或者执着，也不被任何"记忆"所束缚，处于归零的状态，就像婴儿般看待这个世界，便会活出喜悦与自在。我们在比赛过程中，不要去想夺冠，也不要害怕失败，完全投入当下去记忆，也是处在"零极限"的状态。

　　我们可以在有空时，随时随地做"零极限"的清理，默念这四句话，甚至简化成"我爱你"也可以。在平时训练或比赛期间，成绩非常好或者非常糟糕，产生了各种各样的情绪时，也可以在心里反复默念这四句话。

　　我们还可以对周围的人和物做零极限清理，比如我们的比赛试题、文具、计时器、训练的桌椅等，对它们说："谢谢你，我爱你！"当你去比赛的时候，你可以给酒店里面的房间、床、桌椅等做清理，也可以给比赛赛场的桌椅、墙、大屏、试题、话筒、空调等做清理，还可以对所有选手、家长、教练、志愿者、酒店工作人员在心里说："谢谢你，我爱你！"

　　好了，这些超常发挥的秘诀，待你遇到重要的考试或比赛，也尝试一下吧！当然喽，不能只依靠这些，平时训练达到的实力才是最重要的。天助自助者，如果你自己都不投入，"神"也是爱莫能助呀！

　　最后送大家一首打油诗：

　　祝愿你在比赛时，

　　身心合一在当下，

　　酣畅淋漓比一把，

　　突破极限梦成真！

思维导图章节总结

（世界思维导图精英挑战赛总冠军李幸洧 绘制）